もくじと学習の記録

		学習日		学習日		得点
4年の復習 ①	2				／	点
4年の復習 ②	4				／	点
1 約　数	6					点
2 倍　数	10				／	点
3 約分と通分	14			ステップ2	／	点
4 分数のたし算とひき算	18			ステップ1・2	／	点
5 分数のかけ算とわり算	20			ステップ1・2	／	点
ステップ3	22				／	点
6 小数のかけ算とわり算	24			ステップ1・2	／	点
7 平　均	26	ステップ1	／	ステップ2	／	点
8 単位量あたりの大きさ	30	ステップ1	／	ステップ2	／	点
ステップ3	34				／	点
9 割　合	36	ステップ1	／	ステップ2	／	点
10 割合のグラフ	40			ステップ1・2	／	点
11 相当算	42	ステップ1	／	ステップ2	／	点
12 損益算	46	ステップ1	／	ステップ2	／	点
13 濃度算	50	ステップ1	／	ステップ2	／	点
14 消去算	54	ステップ1	／	ステップ2	／	点
ステップ3	58				／	点
15 速　さ	60	ステップ1	／	ステップ2	／	点
16 旅人算	64	ステップ1	／	ステップ2	／	点
17 流水算	68			ステップ1・2	／	点
18 通過算	70	ステップ1	／	ステップ2	／	点
19 時計算	74			ステップ1・2	／	点
ステップ3	76				／	点
20 合同な図形	78	ステップ1	／	ステップ2	／	点
21 円と正多角形	82	ステップ1	／	ステップ2	／	点
22 図形の角	86	ステップ1	／	ステップ2	／	点
23 三角形の面積	90	ステップ1	／	ステップ2	／	点
24 四角形の面積	94	ステップ1	／	ステップ2	／	点
25 立体の体積	98	ステップ1	／	ステップ2	／	点
26 角柱と円柱	102	ステップ1	／	ステップ2	／	点
ステップ3	106				／	点
総復習テスト ①	108				／	点
総復習テスト ②	110				／	点

月　日　答え ➡ 別さつ1ページ

4年の復習 ①

時間 30分
合格 80点
得点　　点

1 0 1 2 3 4 5 6 7 8 の9まいのカードをならべて整数を作ります。

（24点／1つ8点）

(1) いちばん大きい整数を作りなさい。

［　　　　］

(2) 3億にいちばん近い整数を作りなさい。

［　　　　］

(3) 千万の位を四捨五入《ししゃごにゅう》すると2億になる整数のうちで，いちばん大きい数を作りなさい。

［　　　　］

2 まりさんの体重は，弟の体重よりも3.7kg重く，お父さんの体重は，まりさんの体重の2倍です。弟の体重は29.4kgです。（14点／1つ7点）

(1) まりさんの体重は何kgですか。

［　　　　］

(2) お父さんの体重は何kgですか。

［　　　　］

3 ある資料館《しりょうかん》の入館料は，大人1人350円，子ども1人180円です。ある日の入館者の数は，大人が87人で，入館料は大人，子ども合わせて36930円でした。（14点／1つ7点）

(1) 大人87人の入館料の合計は何円ですか。

［　　　　］

(2) 子どもは何人入館しましたか。

［　　　　］

4 右の折れ線グラフは，ある１週間の最高気温を―――で，最低気温を------で表したものです。（16点／1つ8点）

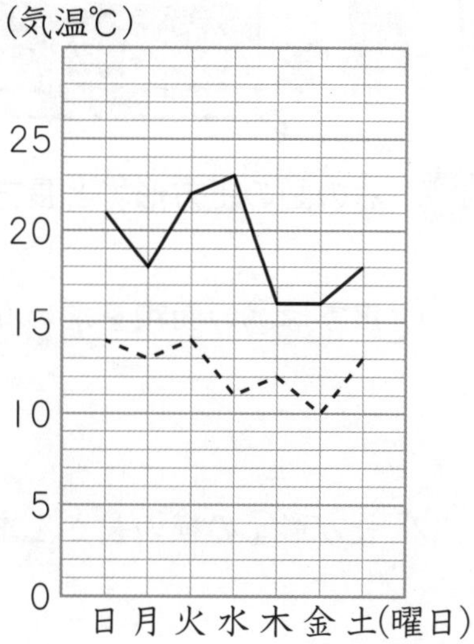

(1) 最高気温の変化が最も大きかったのは，何曜日と何曜日の間ですか。

〔　　　　　　〕

(2) 最高気温と最低気温の差が最も大きかったのは，何曜日ですか。

〔　　　　　　〕

5 5年生80人に，犬とねこをかっているかどうかを調べたところ，犬をかっていると答えた人は18人，ねこをかっていると答えた人は16人，犬もねこもかっていると答えた人は3人いました。（16点／1つ8点）

(1) 犬もねこもかっていない人は何人いますか。

〔　　　　　　〕

(2) 犬はかっているけれども，ねこはかっていない人は何人いますか。

〔　　　　　　〕

6 まっすぐな道にそって，同じ間かくで木を植えます。（16点／1つ8点）

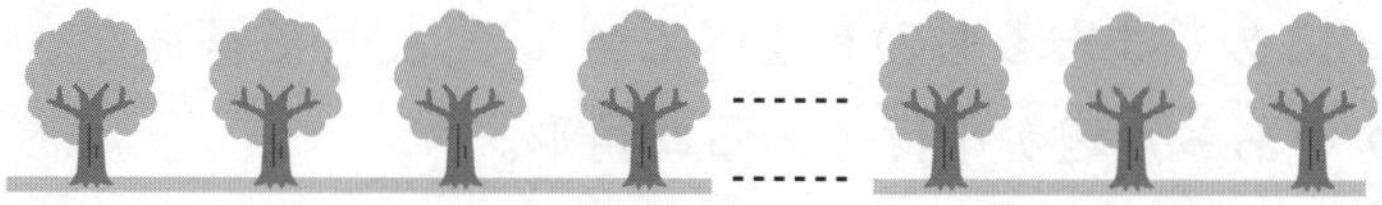

(1) 5m間かくで20本の木を植えたとき，はじめの木から最後の木までの間は何mはなれていますか。

〔　　　　　　〕

(2) 8m間かくで木を植えたとき，はじめの木から最後の木までの間は120mはなれていました。木を何本植えましたか。

〔　　　　　　〕

月　　日　答え ➡ 別さつ1ページ

4年の復習 ②

時間 30分　合格 80点　得点　　点

1 右の図の正方形㋐と長方形㋑は同じ面積です。

(14点/1つ7点)

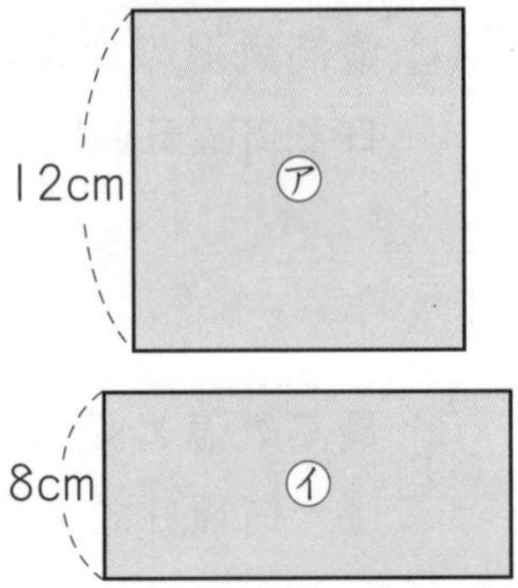

(1) 正方形㋐の面積を求めなさい。

〔　　　　　〕

(2) 長方形㋑の横の長さを求めなさい。

〔　　　　　〕

2 右の図のように，12本の竹ひごを使って直方体を作りました。(14点/1つ7点)

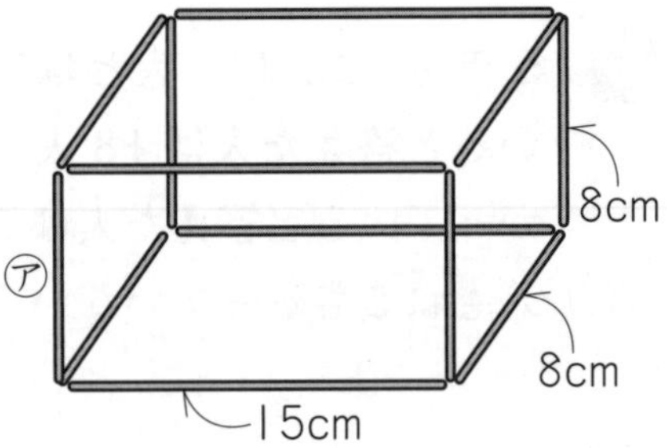

(1) 全部で何cmの竹ひごを使いましたか。

〔　　　　　〕

(2) ㋐の竹ひごと平行な竹ひごは何本ありますか。

〔　　　　　〕

3 ア台形，イ平行四辺形，ウひし形，エ長方形，オ正方形の5つの四角形の中から，次の(1)〜(3)にあてはまるものをすべて選んで，記号で答えなさい。(24点/1つ8点)

(1) 2組の向かいあった辺が平行である四角形。

〔　　　　　〕

(2) 2本の対角線が直角に交わる四角形。

〔　　　　　〕

(3) 4つの角の大きさが等しい四角形。

〔　　　　　〕

4 次の図は，１組の三角じょうぎを組み合わせたものです。㋐～㋓の角の大きさを求めなさい。（16点／1つ4点）

(1)

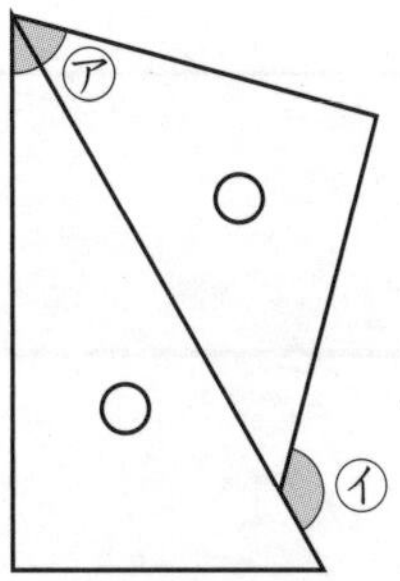

(2)

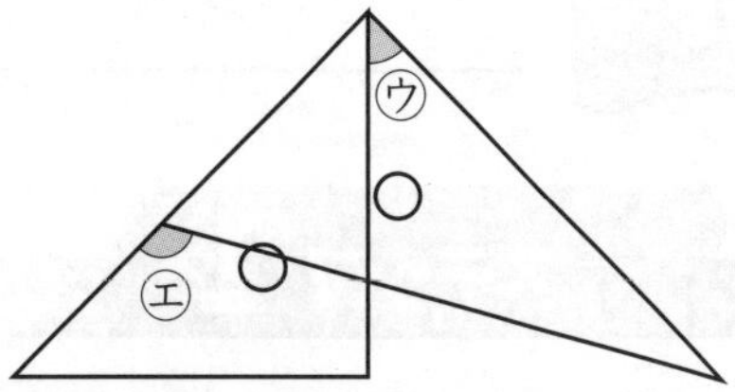

㋐〔　　　　〕 ㋑〔　　　　〕

㋒〔　　　　〕 ㋓〔　　　　〕

5 右の図のように，大小２つの正方形をならべてかきました。（16点／1つ8点）

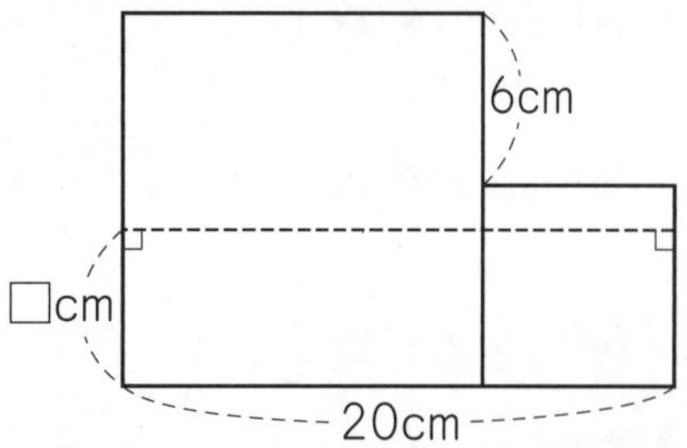

(1) 大きい正方形の１辺の長さは何cmですか。

〔　　　　〕

(2) この図形全体の面積が，図の点線で２等分されるとき，□にあてはまる長さは何cmですか。

〔　　　　〕

6 下の図のように，１辺2cmの正三角形の紙を，重なる部分が１辺1cmの同じ大きさの正三角形になるように重ねていきます。（16点／1つ8点）〔関西大第一中〕

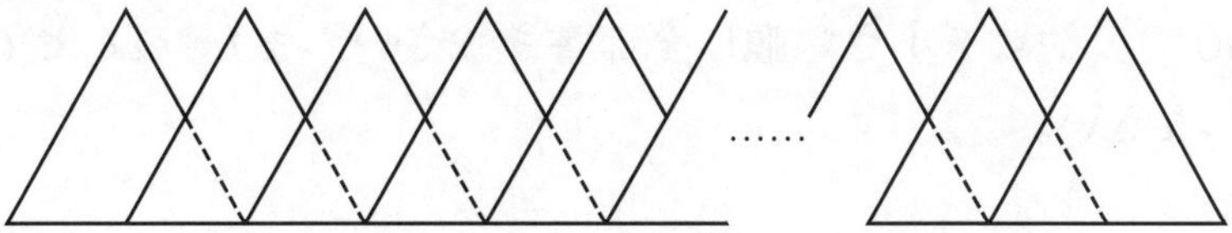

(1) ４まいの正三角形の紙を重ねたときのまわりの長さは何cmですか。

〔　　　　〕

(2) まわりの長さが2010cmになるとき，正三角形の紙は全部で何まいですか。

〔　　　　〕

月　日　答え ➡ 別さつ2ページ

1 約数

ステップ 1

1 次の数の約数を，小さい順に全部書きなさい。

(1) 6 の約数　〔　　〕

(2) 8 の約数　〔　　〕

(3) 12 の約数〔　　〕

(4) 20 の約数〔　　〕

(5) 36 の約数〔　　〕

(6) 42 の約数〔　　〕

2 24 の約数と 60 の約数について，問いに答えなさい。

(1) 24 の約数を小さい順に全部書きなさい。

〔　　〕

(2) 60 の約数を小さい順に全部書きなさい。

〔　　〕

(3) 24 と 60 の公約数を小さい順に全部書きなさい。また，24 と 60 の最大公約数を求めなさい。

公約数〔　　〕

最大公約数〔　　〕

記述式 (4) 24 と 60 の公約数と，24 と 60 の最大公約数とは，どのような関係になっていますか。かんたんに書きなさい。

〔　　〕

3 連除法《れんじょほう》(すだれ算)を使って，次の 2 つの数の最大公約数を求めなさい。

(1) 45 と 60　〔　　　　〕

(2) 28 と 70　〔　　　　〕

(3) 40 と 100　〔　　　　〕

(4) 96 と 144　〔　　　　〕

例

12 と 30 の最大公約数

$$\begin{array}{r|rr} 2 & 12 & 30 \\ \hline 3 & 6 & 15 \\ \hline & 2 & 5 \end{array}$$

最大公約数は $\boxed{2\times3}=6$

4 キャラメルが 84 個《こ》，ガムが 112 まいあります。できるだけ多くの生徒に，1 人がもらうキャラメルの個数が等しく，1 人がもらうガムのまい数も等しくなるように分けたいと思います。

(1) 何人の生徒に分けることができますか。

〔　　　　〕

(2) そのとき，1 人がもらうキャラメルの個数とガムのまい数を求めなさい。

キャラメル〔　　　　〕　ガム〔　　　　〕

5 右の図のように，たてが 72cm，横が 128cm の長方形の厚紙《あつがみ》を，たて，横に平行な線で切って，同じ大きさの正方形に分けたいと思います。

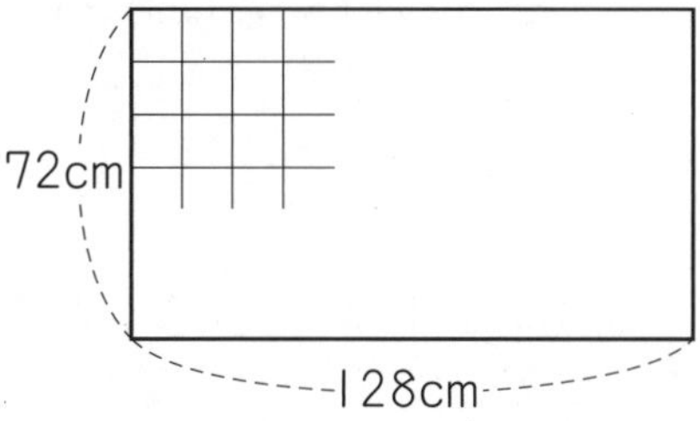

(1) できるだけ大きい正方形に分けるとき，正方形の 1 辺の長さは何 cm になりますか。

〔　　　　〕

(2) (1)のとき，正方形は何個できますか。

〔　　　　〕

確認しよう A の約数でもあり，B の約数でもある数のことを，A と B の公約数といいます。そして，A と B の公約数のうち，最も大きい数を A と B の最大公約数といいます。公約数はすべて，最大公約数の約数になっています。

月　日　答え ➡ 別さつ3ページ

STEP 2 ステップ2

時間 30分
合格 80点
得点　　点

1 次の問いに答えなさい。(42点/1つ6点)

(1) 96と72の最大公約数を求めなさい。〔追手門学院中〕

〔　　　〕

(2) 90の約数は全部で何個《こ》ありますか。〔甲南中〕

〔　　　〕

(3) ある整数Aで36をわると商が整数であまりが出ません。このような整数Aをすべて書きなさい。

〔　　　〕

(4) たて91cm，横104cmの長方形の紙を同じ大きさの正方形に切り分けて，あまりが出ないようにします。正方形をできるだけ大きくするとき，切り分ける正方形のまい数は何まいですか。〔吉祥女子中〕

〔　　　〕

(5) 84と144と300の最大公約数を求めなさい。〔大妻中野中〕

〔　　　〕

(6) a ※ b は a と b の最大公約数を表すことにします。このとき，
(36 ※ 120) ※ 100 を計算しなさい。〔関西大倉中〕

〔　　　〕

(7) 約数の個数が3個である整数を小さいものから4つならべたとき，それらの和はいくつになりますか。〔甲南女子中〕

〔　　　〕

2 たて 56m，横 120m の長方形の土地の周りに，等しい間かくで木を植えます。ただし，木の本数はできるだけ少なくなるようにし，土地の 4 つのかどには必ず木を植えるものとします。（16 点 /1 つ 8 点）

(1) 木と木の間かくを何 m にすればよいですか。

［　　　　　］

(2) 木は全部で何本必要ですか。

［　　　　　］

3 「ある整数 A で 151 をわると 7 あまり，111 をわると 3 あまります。このような整数 A をすべて求めなさい。」という問題について，次のように考えました。［ア］～［ウ］を正しくうめなさい。（18 点 /1 つ 6 点）

整数 A は 144 と［ア］の公約数です。144 と［ア］の公約数をすべて書くと［イ］になります。このうち，あまりの 7 や 3 より大きいものを求めて，答えは［ウ］になります。

ア［　　　　　］　イ［　　　　　］

ウ［　　　　　］

4 みかんが 210 個，かきが 110 個あります。これらを何人かの子どもにできるだけ多く分けようとしました。みかんは同じ数ずつ分けたところ 30 個あまりました。かきは 2 個いたんでいたので，残りを同じ数ずつ分けたところちょうど分けることができました。（16 点 /1 つ 8 点）〔和歌山信愛女子中〕

(1) 子どもの人数は何人ですか。

［　　　　　］

(2) みかんは何個ずつ分けましたか。

［　　　　　］

5 ある数 x と 72 の最大公約数と，54 と 96 の最大公約数が同じでした。72 より小さい x をすべて求めなさい。（8 点）〔大妻多摩中〕

［　　　　　］

2 倍数

ステップ 1

1 次の数の倍数を，小さい順に 5 つ書きなさい。

(1) 3 の倍数 [　　　　　　　　]

(2) 5 の倍数 [　　　　　　　　]

(3) 8 の倍数 [　　　　　　　　]

(4) 13 の倍数 [　　　　　　　　]

(5) 25 の倍数 [　　　　　　　　]

2 24 の倍数と 30 の倍数について，次の問いに答えなさい。

(1) 24 の倍数を小さい順に 5 つ書きなさい。

[　　　　　　　　]

(2) 30 の倍数を小さい順に 5 つ書きなさい。

[　　　　　　　　]

(3) 24 と 30 の最小公倍数を求めなさい。また，24 と 30 の公倍数を小さい順に 3 つ書きなさい。

最小公倍数 [　　　　] 公倍数 [　　　　　　　　]

(4) 24 と 30 の公倍数と，24 と 30 の最小公倍数とは，どのような関係になっていますか。かんたんに書きなさい。

[　　　　　　　　]

3 1から200までの整数について，次の問いに答えなさい。

(1) 6の倍数は何個《こ》ありますか。　　(2) 8の倍数は何個ありますか。

〔　　　　〕　　〔　　　　〕

(3) 6でも8でもわり切れる数は何個ありますか。

〔　　　　〕

(4) 6でも8でもわり切れない数は何個ありますか。

〔　　　　〕

4 連除法《れんじょほう》(すだれ算)を使って，次の2つの数の最小公倍数を求めなさい。

(1) 35と42　　(2) 12と18

〔　　　　〕　　〔　　　　〕

(3) 24と60　　(4) 25と75

〔　　　　〕　　〔　　　　〕

例

12と30の最小公倍数

```
2 ) 12  30
3 )  6  15
     2   5
```

最小公倍数は
2×3×2×5=60

5 たてが15cm，横が18cmの長方形の紙を同じ向きにならべて，できるだけ小さい正方形を作りたいと思います。

(1) できる正方形の1辺の長さは何cmですか。

〔　　　　〕

(2) 長方形の紙は何まい必要ですか。

〔　　　　〕

確認しよう

Aの倍数でもあり，Bの倍数でもある数のことを，AとBの公倍数といいます。そして，AとBの公倍数のうち，最も小さい数をAとBの最小公倍数といいます。公倍数はすべて，最小公倍数の倍数になっています。

月　日　答え ➡ 別さつ4ページ

ステップ 2

時間 30分
合格 80点
得点　点

1 次の□にあてはまる数を求めなさい。(32点/1つ8点)

(1) 6でも15でもわり切れる数の中で，500に最も近い数は□です。

〔関西大倉中〕

〔　　〕

(2) 1から100までの整数のうち，5でも7でもわりきれない整数は□個《こ》あります。

〔金蘭千里中〕

〔　　〕

(3) 6と16と24の最小公倍数は□です。

〔滝川中〕

〔　　〕

(4) 12でわっても，15でわっても5あまる3けたの整数のうち，200にいちばん近い数は□です。

〔神戸国際中〕

〔　　〕

2 整数Aという，8でわると7あまり，7でわると5あまる整数について，次の問いに答えなさい。(16点/1つ8点)

(1) 8でわると7あまる整数を，小さい順に8つ書きなさい。ただし，7はふくみません。

〔　　〕

(2) 整数Aとして考えられる数を，小さい順に3つ書きなさい。

〔　　〕

3 3でわると2あまり，7でわると3あまる数のうち，2016にいちばん近い数を求めなさい。(9点)

〔滝川第二中〕

〔　　　　〕

4 たて2cm，横5cm，高さ6cmの直方体があります。この直方体を同じ向きにすき間なくならべていき，できるだけ小さい立方体を作ります。このとき，直方体は何個必要ですか。(9点)

〔甲南中〕

〔　　　　〕

5 Aくんは3日働いて1日休み，Bくんは2日働いて1日休みます。2人が月曜日から働き始めると，次に2人の休みが同じになるのは何曜日ですか。(9点)

〔京都橘中〕

〔　　　　〕

6 体育館のまわりを1周走るのに，Aさんは30秒，Bさんは32秒，Cさんは48秒かかります。この3人が同時に，体育館の入り口から出発して，同じ方向に体育館のまわりを20分間走り続けました。(16点/1つ8点)〔大阪教育大附属天王寺中〕

(1) 3人が再《ふたた》び出発点でいっしょになるのは，Aさんが何周したときですか。

〔　　　　〕

(2) BさんとCさんだけが出発点でいっしょになるのは何回ありますか。

〔　　　　〕

7 A駅からは，ふつう電車は8分ごとに，急行電車は12分ごとに出発しています。ふつう電車の始発が午前6時に，急行電車の始発が午前6時20分に，A駅を出発しました。この後，午前10時までの間に，ふつう電車と急行電車が同時に出発するのは何回ありますか。(9点)

〔清風中〕

〔　　　　〕

3 約分と通分

ステップ 1

1 次の分数の中から，(1)，(2)にあてはまるものをすべて選んで書きなさい。

$\frac{12}{16}$，$\frac{10}{15}$，$\frac{9}{16}$，$\frac{16}{24}$，$\frac{21}{28}$，$\frac{27}{36}$，$\frac{20}{24}$，$\frac{40}{60}$，$\frac{20}{25}$，$\frac{48}{64}$

(1) 約分すると $\frac{2}{3}$ になる分数

〔　　　　〕

(2) 約分すると $\frac{3}{4}$ になる分数

〔　　　　〕

2 分母が 36 で，分子が 1 から 35 までの 35 個《こ》の分数 $\frac{1}{36}$，$\frac{2}{36}$，$\frac{3}{36}$，……，$\frac{34}{36}$，$\frac{35}{36}$ があります。

(1) 約分すると $\frac{5}{9}$ になる分数はどれですか。

〔　　　　〕

(2) $\frac{1}{36}$ もふくめて，約分すると分子が 1 になる分数は何個ありますか。

〔　　　　〕

(3) 約分できない分数は何個ありますか。

〔　　　　〕

3 次の(　)内の分数を通分しなさい。ただし，分母はできるだけ小さい数にしなさい。

(1) $\left(\frac{1}{6},\ \frac{3}{4}\right)$　　(2) $\left(\frac{2}{5},\ \frac{4}{15}\right)$　　(3) $\left(\frac{5}{6},\ \frac{3}{8},\ \frac{7}{12}\right)$

〔　　　　〕〔　　　　〕〔　　　　〕

4 次のそれぞれの問いに答えなさい。

(1) 分子が 48 で，約分すると $\frac{3}{5}$ になる分数を求めなさい。

〔　　　　　〕

(2) 分子と分母の和が 48 で，約分すると $\frac{3}{5}$ になる分数を求めなさい。

〔　　　　　〕

(3) 分子と分母の差が 48 で，約分すると $\frac{3}{5}$ になる分数を求めなさい。

〔　　　　　〕

5 次のそれぞれの問いに答えなさい。

(1) $\frac{3}{4}$ より大きく，$\frac{6}{7}$ より小さい分数で，分母が 28 である分数をすべて求めなさい。

〔　　　　　〕

(2) $\frac{4}{5}$ より大きく，$\frac{8}{9}$ より小さい分数のうち，分子が 24 で，約分できない分数を求めなさい。

〔　　　　　〕

6 分数の大小関係について，次の問いに答えなさい。

(1) 分母が等しい 2 つの分数を比《くら》べると，分子が大きい方の分数が ア 。
分子が等しい 2 つの分数を比べると，分母が大きい方の分数が イ 。
ア ，イ に，「大きい」または「小さい」を当てはめなさい。

ア〔　　　　　〕 イ〔　　　　　〕

(2) 3 つの分数，$\frac{11}{18}$，$\frac{5}{6}$，$\frac{7}{12}$ を，大きい順にならべなさい。

〔　　　→　　　→　　　〕

確認しよう 分数の分子と分母に同じ数をかけたり，分子と分母を同じ数でわったりしても，分数の大きさは変わりません。分数が答えになるときは，特に指示《しじ》がない限《かぎ》り，分子と分母をできるだけ小さい数にして(約分して)答えることになっています。

月　日　答え ➡ 別さつ6ページ

ステップ 2

時間 30分
合格 80点
得点　　点

1 次の□にあてはまる数を求めなさい。(32点/1つ8点)

(1) 分母の数と分子の数の差が 27 で，約分すると $\frac{2}{5}$ になる分数は□です。

〔京都産業大附中〕

〔　　　　〕

(2) $\frac{3}{7}$ より大きく $\frac{4}{9}$ より小さい分数のうち，分子が 24 である分数は□です。

〔立命館中〕

〔　　　　〕

(3) $\frac{9}{19}$ の分母と分子に同じ整数をたして約分すると $\frac{3}{5}$ になりました。分母と分子にたした整数は□です。

〔聖心学園中〕

〔　　　　〕

(4) $\frac{99}{\square}$ は $\frac{9}{10}$ より大きく $\frac{11}{12}$ より小さい分数です。

〔羽衣学園中〕

〔　　　　〕

2 次の問いに答えなさい。(16点/1つ8点)

(1) 分数 $\frac{1}{2}$ と $\frac{5}{6}$ の間にある分数を考えます。このような分数のうち，分母が 30 で，これ以上約分できない分数は何個《こ》ありますか。

〔神奈川学園中〕

〔　　　　〕

(2) ある真分数(分子が分母より小さい分数)の分母と分子の差は 12 で，分母と分子の和は 132 です。この分数を求めて，約分して答えなさい。

〔関西大第一中〕

〔　　　　〕

3 $\frac{6}{2}=\frac{3}{1}=3$，$\frac{12}{3}=\frac{4}{1}=4$ のように，約分すると分母が 1 になる分数は整数になります。（16点/1つ8点）

(1) $\frac{36}{A}$ が整数になるような 1 以上の整数 A をすべて求めなさい。

〔　　　　　　　　　　　　　　　　〕

(2) $\frac{C}{8}$ と $\frac{120}{C}$ がともに整数になるような 1 以上の整数 C をすべて求めなさい。

〔　　　　　　　　　　　　　　　　〕

4 分母と分子の和が 143 である分数があります。この分数を約分すると，分母から分子をひいた差が 3 になりました。約分する前の分数として考えられるものをすべて答えなさい。（9点）

〔帝塚山学院泉ヶ丘中〕

〔　　　　　　　　　　　　　　　　〕

5 $\frac{29}{56}$ の分母と分子から同じ数□をひいて，約分すると $\frac{1}{10}$ になります。□にあてはまる数を求めなさい。（9点）

〔開智中〕

〔　　　　　　〕

6 分数の大小関係について，次の問いに答えなさい。（18点/1つ9点）

(1) 2 つの分数 $\frac{\square+1}{2}$ と $\frac{\square\times2+1}{4}$ の□に同じ数が入るとき，大きい方の分数はどちらですか。理由をつけて答えなさい。

答え〔　　　　〕 理由〔　　　　　　　　　　　　　　　　〕

(2) 2 つの分数 $\frac{\square+1}{\square}$ と $\frac{\square+2}{\square+1}$ の□に同じ数が入るとき，大きい方の分数はどちらですか。理由をつけて答えなさい。

答え〔　　　　〕 理由〔　　　　　　　　　　　　　　　　〕

月　日　答え ➡ 別さつ7ページ

4 分数のたし算とひき算

ステップ 1・2

時間 30分
合格 80点
得点　点

1 赤，白，青の 3 まいのテープがあります。赤のテープの長さは $\frac{3}{8}$ m，白のテープの長さは $\frac{5}{6}$ m，青のテープの長さは $1\frac{1}{2}$ m です。(20 点 /1 つ 10 点)

(1) 赤のテープと青のテープをつなげると，全体は何 m になりますか。ただし，つなぎ目の長さは考えません。

〔　　　　　〕

(2) 白のテープと青のテープをつなげると，全体は何 m になりますか。ただし，つなぎ目の長さは考えません。

〔　　　　　〕

2 ひでみさんの家から図書館までまっすぐな道が通っていて，その道のとちゅうに本屋があります。ひでみさんの家から本屋までは $\frac{5}{6}$ km，本屋から図書館までは $\frac{2}{3}$ km あります。ひでみさんの家から図書館までの道のりは何 km ですか。(10 点)

〔　　　　　〕

3 $\frac{2}{9}$ L のお茶が入ったペットボトルに $\frac{3}{4}$ L のお茶を入れました。ペットボトルのお茶は全部で何 L になりましたか。(10 点)

〔　　　　　〕

4 右の長方形のまわりの長さは何 m ですか。(10 点)

〔　　　　　〕

5 はな子さんは $\frac{3}{4}$ m，ひさえさんは $\frac{5}{8}$ m のリボンを持っています。どちらのリボンのほうが何 m 長いですか。（10点）

〔　　　　　　　　　　　　　　　　　　　　〕

6 $\frac{1}{3}$ kg の容器《ようき》に食塩を入れて重さをはかると，$\frac{9}{10}$ kg ありました。食塩の重さは何 kg ですか。（10点）

〔　　　　　　　〕

7 右の図は，わたるさんの家，体育館，図書館，ポストの位置を表したものです。わたるさんは，家から体育館の前を通って図書館まで歩きました。（30点/1つ10点）

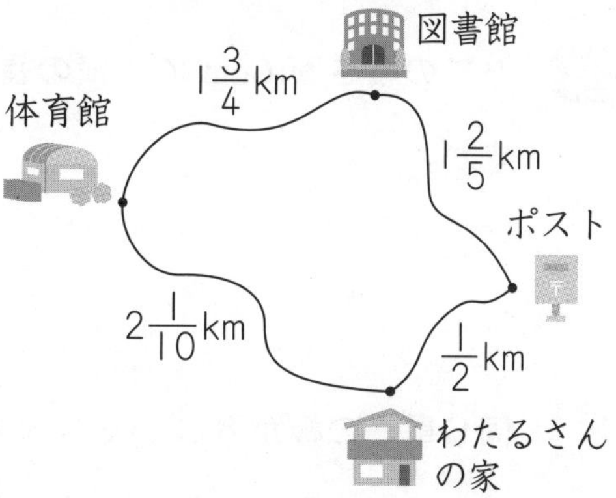

(1) わたるさんが歩いた道のりは何 km ですか。

〔　　　　　　　〕

(2) わたるさんの家から体育館までの道のりと，体育館から図書館までの道のりのちがいは何 km ですか。

〔　　　　　　　〕

(3) わたるさんの家から図書館まで行く道のりは，ポストの前を通るほうが，体育館の前を通るよりも短くなります。道のりは何 km 短くなりますか。

〔　　　　　　　〕

確認しよう
分母がことなる2つの分数をたしたりひいたりするときは，まず，2つの分数の分母を通分して，それから分子どうしのたし算・ひき算を行います。また，答えが約分できるときは必ず約分しておきます。

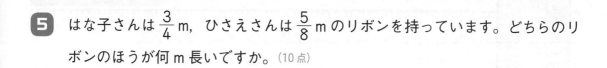

月　日　答え ➡ 別さつ8ページ

5 分数のかけ算とわり算

※この本では，小学６年で学習する「分数のかけ算とわり算」も発展的内容《はってんてきないよう》としてあつかっています。

ステップ 1·2

時間 30分　合格 80点　得点　点

1 ５人の子どもがリボンを同じ長さずつ切り取って分けました。１人分の長さは $\frac{3}{8}$ m ありました。はじめのリボンの長さは何 m ありましたか。(9点)

〔　　　　〕

2 たての長さが 6cm で，横の長さが $3\frac{3}{4}$ cm の長方形の面積は何 cm^2 になりますか。(9点)

〔　　　　〕

3 同じ重さの板が８まいあります。板８まいの重さをはかると $5\frac{1}{3}$ kg でした。板１まいの重さは何 kg ですか。(9点)

〔　　　　〕

4 かんづめが８個《こ》ずつ入っている箱が４箱あります。かんづめ１個の重さは $\frac{5}{6}$ kg で，箱の重さは $1\frac{1}{3}$ kg です。全体の重さは何 kg になりますか。(9点)

〔　　　　〕

5 長さ 5m のリボンを７人に同じ長さずつ分けると，$\frac{3}{4}$ m あまりました。１人分の長さは何 m になりましたか。(10点)

〔　　　　〕

6 たてが $4\frac{4}{5}$ m，横が $4\frac{4}{9}$ m の長方形の花だんがあります。この花だんの面積は何 m^2 ですか。帯分数《たいぶんすう》で答えなさい。(10点)

〔　　　　　〕

7 長さが $12\frac{2}{3}$ m のテープを $2\frac{1}{2}$ m ずつの短いテープに切り分けます。短いテープは何本できて，テープは何 m あまりますか。(10点)

〔　　　　　　　　　　　　　　　　〕

8 大きなビンにジュースが 2L 入っています。この中から，5 つのコップに $\frac{3}{20}$ L ずつジュースを注ぎました。(14点/1つ7点)

(1) ビンに残っているジュースは何 L ですか。

〔　　　　　〕

(2) ビンに残ったジュースを $\frac{1}{8}$ L ずつに分けて飲むと，何回飲むことができますか。

〔　　　　　〕

9 12 は $\frac{3}{4}$ の何倍ですか。(10点)

〔　　　　　〕

10 $4\frac{1}{6}$ と $3\frac{3}{4}$ に，ある分数をかけたところ，答えはどちらも整数になりました。このような分数のうち，最も小さい分数を求めなさい。(10点)

〔　　　　　〕

確認しよう 2つの分数をかけるときは，分子どうし，分母どうしのかけ算を行います。また，分数でわるときは，分子と分母を逆《ぎゃく》にした数(逆数《ぎゃくすう》といいます)をかけます。整数は，分母が1の分数として計算します。

STEP 3　1～5

ステップ 3

月　　日　答え ➡ 別さつ8ページ

時間 30分
合格 80点
得点　　　点

1 次の問いに答えなさい。(49点 /1つ7点)

(1) 2つの数 360, 756 の最大公約数を求めなさい。〔慶應義塾湘南藤沢中〕

〔　　　　　〕

(2) 15と21と24の最小公倍数を求めなさい。〔神戸龍谷中〕

〔　　　　　〕

(3) 分母と分子の和が351で，約分すると $\frac{5}{8}$ になる分数を求めなさい。〔公文国際学園中〕

〔　　　　　〕

(4) 3でわると1あまり,5でわると2あまる数で2019に最も近い数を求めなさい。〔春日部共栄中〕

〔　　　　　〕

(5) 0.8と $\frac{5}{4}$ のちょうどまん中にある数を求めなさい。〔京都産業大附中〕

〔　　　　　〕

(6) $\frac{4}{3}$，$\frac{6}{5}$，$\frac{8}{7}$，$\frac{10}{9}$ の4つの分数から2つを選んでわり算をするとき，最も小さい答えを求めなさい。〔京都薫英女子中〕

〔　　　　　〕

(7) $\frac{1}{100}$，$\frac{2}{100}$，$\frac{3}{100}$，……，$\frac{99}{100}$ の99個《こ》の分数のうち，約分できない分数は何個あるかを答えなさい。〔立命館中〕

〔　　　　　〕

2 1から200までの整数のうち，次の問いに答えなさい。(20点/1つ5点)〔金蘭会中〕

(1) 5の倍数はいくつありますか。

〔　　　　〕

(2) 8の倍数はいくつありますか。

〔　　　　〕

(3) 5の倍数でもあり，8の倍数でもある数はいくつありますか。

〔　　　　〕

(4) 5の倍数ではないが，8の倍数である数はいくつありますか。

〔　　　　〕

3 たて30cm，横42cmの長方形の紙を，同じ向きにすき間なくならべて，できるだけ少ないまい数で正方形を作ります。このとき，正方形の1辺の長さは何cmですか。また，このとき，長方形の紙を何まい使いますか。

(10点/1つ5点)〔桐蔭学園中〕

正方形の1辺の長さ〔　　　　〕　長方形の紙〔　　　　〕

4 ある分数を$\frac{105}{26}$と$\frac{147}{65}$の両方にかけると，結果がともに整数となりました。このような分数でいちばん小さい数を求めなさい。(7点)〔昭和学院秀英中〕

〔　　　　〕

5 数直線上の$\frac{1}{7}$と$\frac{1}{2}$の間に3個の数があって，$\frac{1}{7}$，$\frac{1}{2}$とこれら3個の数を合わせた計5個の数が等しい間かくでならんでいます。(14点/1つ7点)〔明星中〕

(1) これら3個の数のうち，最も小さい数を求めなさい。

〔　　　　〕

(2) 計5個の数の和を求めなさい。

〔　　　　〕

6 小数のかけ算とわり算

ステップ 1・2

時間 30分　合格 80点　得点　点

1 次の問いに答えなさい。(21点/1つ7点)

(1) 1mあたりのねだんが80円のリボンがあります。このリボンを3.4m買ったときの代金は何円になりますか。

〔　　　　〕

(2) 1dLで$3.6m^2$のかべをぬれるペンキがあります。このペンキ5.5dLで何m^2のかべをぬれますか。

〔　　　　〕

(3) 2mの重さが5.7gのはり金があります。このはり金1.3mの重さは何gですか。

〔　　　　〕

2 まさひろさんの体重は40kgで，お父さんの体重はその1.6倍だそうです。(16点/1つ8点)

(1) お父さんの体重は何kgですか。

〔　　　　〕

(2) 弟の体重はお父さんの体重の0.6倍です。弟の体重は何kgですか。

〔　　　　〕

3 「本」という言葉を必ず使って，式が1.2×12＝14.4になる文章題を作りなさい。(7点)

〔　　　　〕

4 次の問いに答えなさい。(24点/1つ8点)

(1) 0.7m^2のかべをぬるのに1.26dLのペンキを使いました。1m^2のかべをぬるには，ペンキを何dL使いますか。

〔　　　　〕

(2) しんやさんの体重は28kgで，これはお父さんの体重の0.35倍です。お父さんの体重は何kgですか。

〔　　　　〕

(3) 面積が110.4m^2の長方形の形をした土地があります。この土地のたての長さは9.6mです。横の長さは何mですか。

〔　　　　〕

5 長さが1.8mで重さが4.5kgの鉄のぼうがあります。(16点/1つ8点)

(1) この鉄のぼうの1mの重さは何kgですか。

〔　　　　〕

(2) この鉄のぼうの1kgの長さは何mですか。

〔　　　　〕

6 2.4Lの牛にゅうを同じ量ずつコップに入れていきます。(16点/1つ8点)

(1) 1つのコップに0.3Lずつ入れると，0.3L入ったコップは何個《こ》できますか。

〔　　　　〕

(2) 1つのコップに0.25Lずつ入れると，0.25L入ったコップは何個できて，何Lあまりますか。

〔　　　　　　　　〕

確認しよう

文章題で，「2.4m」や「0.8kg」のように，小数で表された数量があっても，整数のときと同じように計算することができます。小数の計算では，小数点の位置をまちがえないように気をつけましょう。答えのおよその大きさを意識《いしき》しながら計算することを心がけてください。

7 平《へい》均《きん》

ステップ1

1 次の表は，さなえさんたち６人が先月に読んだ本のさっ数です。１人平均《へいきん》何さつの本を読みましたか。

読んだ本のさっ数

名まえ	さなえ	しんや	ゆり	さき	こうじ	そうた
本のさっ数(さつ)	3	5	2	8	0	6

〔　　　　　　〕

2 めぐみさんが４個《こ》のたまごの重さをはかると，次のようになりました。

54g，60g，55g，59g

(1) たまごの重さは１個平均何 g ですか。

〔　　　　　　〕

(2) たまご 30 個の重さはおよそ何 kg になりますか。

〔　　　　　　〕

(3) たまごをつめた箱の重さをはかると，2kg になりました。箱の中におよそ何個のたまごが入っていると考えられますか。小数第一位を四捨五入《ししゃごにゅう》して，整数で求めなさい。ただし，箱の重さは考えないものとします。

〔　　　　　　〕

3 右の表は，５年生のあるクラスで，男子と女子それぞれの体重の平均を求めたものです。クラス全体での体重の平均は何 kg ですか。

男女別の平均体重

	人数(人)	平均(kg)
男子	14	36.0
女子	16	34.5

〔　　　　　　〕

4 A, B, C 3人の算数のテストの点数について，AとBの平均点は68点，BとCの平均点は65点，AとCの平均点は71点でした。

(1) AとBの合計点は何点ですか。

〔　　　　〕

(2) AとBとCの平均点は何点ですか。

〔　　　　〕

(3) Aの点数は何点ですか。

〔　　　　〕

5 さやかさんは，今までに4回の計算テストを受け，その平均点は78点です。

(1) 4回の計算テストの合計点は何点ですか。

〔　　　　〕

(2) もし，5回目のテストで100点を取ったとすると，5回の平均点は何点になりますか。

〔　　　　〕

(3) 5回目のテストで何点以上取れば，5回の平均点が80点以上になりますか。

〔　　　　〕

6 次の10個の数の平均を，仮平均《かりへいきん》の考え方を使って求めなさい。どのように計算したかがわかるように，計算の式も書きなさい。

2018	2006	1997	2000	2003
2020	1999	2015	1990	2002

式〔　　　　〕　答え〔　　　　〕

確認しよう

いくつかの数量の平均を求めるときは，それらの数量の和を，加えた個数でわって求めます。その数量の中に0がふくまれているとき，0も個数に数えます。また，同じぐらいの数量の平均を求めるときは，仮平均の考え方を用いると計算がかんたんです。

月　日　答え ➡ 別さつ11ページ

ステップ 2

時間 30分
合格 80点
得点　　点

1 次の問いに答えなさい。(50点 /1つ10点)

(1) 国語，社会，理科の3教科の平均《へいきん》点は77点で，算数も合わせた4教科の平均点は79点です。算数は何点ですか。 〔法政大中〕

〔　　　　〕

(2) A，Bの2人の身長の平均は134cm，C，D，Eの3人の身長の平均は144cmです。このとき，この5人の身長の平均は何cmですか。 〔森村学園中〕

〔　　　　〕

(3) 男子が18人，女子が22人の合計40人のクラスで算数のテストをしました。男子の平均点は80点で，クラス全員の平均点は81.1点でした。女子の平均点は何点ですか。 〔千葉日本大第一中〕

〔　　　　〕

(4) A，B，C，Dの4人の平均身長は151.3cmで，これにEが加わると平均身長は1.2cm高くなります。Eの身長を求めなさい。 〔獨協埼玉中〕

〔　　　　〕

(5) あるクラスで，算数のテストの平均点は61点でした。また，最高点の97点の1人をのぞいた平均点は59点でした。このクラスの人数は何人ですか。 〔高輪中〕

〔　　　　〕

2 国語，算数，理科，社会のテストを受けました。国語，算数の 2 教科の平均点は 81 点，4 教科の平均点は 82.5 点でした。(14 点 /1 つ 7 点)　〔樟蔭中〕

(1) 国語，算数の 2 教科の合計点は何点ですか。

〔　　　　〕

(2) 理科，社会の 2 教科の平均点は何点ですか。

〔　　　　〕

3 下の表は，あるニワトリが 8 月から 12 月までの 5 ヶ月間に食べたえさの量を表したものです。このニワトリが，1 年間同じようにえさを食べるとすると，1 年間では何 kg 食べることになりますか。(10 点)　〔滋賀大附中〕

表　ニワトリのえさの量(8 月から 12 月)

月	8 月	9 月	10 月	11 月	12 月
えさの量(kg)	37	42	45	38	43

〔　　　　〕

4 25 人のクラスで算数のテストを行いました。配点は 1 問目が 5 点，2 問目は 10 点です。1 問目の平均点は 3.8 点，2 問目の平均点は 7.2 点でした。また，2 問ともできなかった人は 4 人でした。(16 点 /1 つ 8 点)　〔帝塚山学院中〕

(1) 1 問目と 2 問目の合計得点《とくてん》の平均点は何点ですか。

〔　　　　〕

(2) 2 問とも正解《せいかい》した人は何人ですか。

〔　　　　〕

5 A, B, C, D, E の 5 人の平均点より C, D, E の 3 人の平均点の方が 10 点高く，A と B の点数の和は 120 点です。このとき，5 人の平均点は何点ですか。

(10 点)〔大阪学芸中〕

〔　　　　〕

8 単位量あたりの大きさ

ステップ 1

1 右の表は，北公園と南公園のすな場の面積と，遊んでいる子どもの人数を表したものです。

すな場の面積と子どもの人数

	面積(m^2)	人数(人)
北公園	15	12
南公園	24	15

(1) 2つのすな場で，$1m^2$ あたりの子どもの人数はそれぞれ何人になりますか。

北公園〔　　　　〕 南公園〔　　　　〕

(2) 2つのすな場で子ども1人あたりの面積はそれぞれ何 m^2 になりますか。

北公園〔　　　　〕 南公園〔　　　　〕

(3) 北公園と南公園ではどちらのすな場のほうが混《こ》んでいますか。

〔　　　　〕

2 3m で 1980 円の白の布地《ぬのじ》と，4m で 2600 円の黒の布地があります。

(1) 1m あたりのねだんはそれぞれいくらですか。

白の布地〔　　　　〕 黒の布地〔　　　　〕

(2) 白の布地と黒の布地ではどちらのほうが安いといえますか。

〔　　　　〕

(3) 1円あたりで買うことのできる長さは，白の布地と黒の布地ではどちらのほうが長いといえますか。

〔　　　　〕

3 右の表は，A 市，B 市，C 市の人口と面積を表したものです。

3 つの市の人口と面積

	人口(人)	面積(km^2)
A 市	84300	25
B 市	35200	10
C 市	109600	32

(1) 3 つの市の 1km^2 あたりの人口をそれぞれ求めなさい。

A 市〔　　　　〕

B 市〔　　　　〕

C 市〔　　　　〕

(2) 3 つの市を，面積のわりに人口の多い順にならべなさい。

〔　　　→　　　→　　　〕

4 A のプリンターは 6 分間に 135 まい印刷できます。B のプリンターは 8 分間に 200 まい印刷できます。

(1) A のプリンターと B のプリンターでは，どちらがはやく印刷できますか。

〔　　　　〕

(2) A のプリンターでは，14 分間に何まい印刷できますか。

〔　　　　〕

(3) B のプリンターでは，150 まい印刷するのに何分かかりますか。

〔　　　　〕

(4) 2 つのプリンターを同時に使うと，30 分間で何まい印刷することができますか。

〔　　　　〕

確認しよう 「1m^2 あたりの人数」を求めるときは，人数を面積でわります。また，「1 人あたりの面積」を求めるときは，面積を人数でわります。このように，単位量あたりの数量を求めるときは，「～あたり」でわって求めます。

月　日　答え ➡ 別さつ12ページ

ステップ 2

時間 30分　合格 80点　得点　点

1 右の表は，東小学校と西小学校の児童数と運動場の面積を表したものです。児童数のわりに運動場が広いのは，どちらの小学校ですか。
また，そう考えた理由も書きなさい。(8点)

児童数と運動場の面積

	児童数(人)	面積(m^2)
東小学校	360	1800
西小学校	425	2000

答え [　　　]

理由 [　　　]

2 ガソリン 40L で 700km 走れる自動車 A と，ガソリン 60L で 960km 走れる自動車 B があります。(42点/1つ7点)

(1) ガソリン 1L あたりで走れる道のりは，それぞれ何 km ですか。

A [　　　] B [　　　]

(2) 1km 走るのに使うガソリンの量はそれぞれ何 mL ですか。小数第一位を四捨《ししゃ》五入《ごにゅう》して，整数で求めなさい。

A [　　　] B [　　　]

(3) 自動車 A はガソリン 28L で何 km 走れますか。

[　　　]

(4) 自動車 B で 400km 走ります。ガソリンを何 L 使いますか。

[　　　]

3 人口 16120 人で面積が 58km^2 の A 町と，面積が 72km^2 で人口密度《じんこうみつど》が 715 人の B 町が合ぺいして C 市となりました。C 市の人口密度を求めなさい。ただし，人口密度は 1km^2 あたりの人口です。(10 点)　〔清風中〕

〔　　　　〕

4 1 辺の長さが 5cm の立方体の金属《きんぞく》の重さをはかると，975g ありました。

(1) この金属の，1cm^3 あたりの重さは何 g ですか。(24 点 /1 つ 8 点)

〔　　　　〕

(2) たて 8cm，横 12cm，高さ 5cm の直方体が，同じ金属でできています。この直方体の重さは何 g ですか。

〔　　　　〕

(3) 同じ金属でできた，重さ 156g の文ちんがあります。この文ちんの体積は何 cm^3 ですか。

〔　　　　〕

5 同じ種類のネジがたくさんあります。全部の重さをはかったところ 3kg ありました。このうち 5 本のネジを取り出して重さをはかったところ 24g ありました。ネジは全部で何本ありましたか。(8 点)　〔初芝富田林中〕

〔　　　　〕

6 300g で 360 円のぶた肉があります。このぶた肉を 2kg 買うとき，代金はいくらですか。(8 点)　〔京都聖母学院中〕

〔　　　　〕

ステップ 3

月　日　答え ➡ 別さつ12ページ

時間 30分　合格 80点　得点　点

1 次の□にあてはまる数を求めなさい。(32点 /1つ8点)

(1) AとBとCの平均《へいきん》が15，BとCとDの平均が13，DとEの平均が17です。このとき，AとEの平均は□です。〔東京都市大等々力中〕

〔　　　〕

(2) 京都府の面積は4600km^2，人口は260万人です。人口密度《じんこうみつど》を上から2けたのがい数で表すと□人です。ただし，人口密度は1km^{2}あたりの人口です。〔京都教育大附属桃山中〕

〔　　　〕

(3) 今までにテストを□回受けていて，平均点は78点です。次のテストで92点を取ると，平均点は80点になります。〔帝塚山中〕

〔　　　〕

(4) 60枚で37.2gの紙が1.55kgあります。紙は□まいです。〔甲南中〕

〔　　　〕

2 遠足のしおりを作るのに，100さつまでは何さつでも8000円です。100さつをこえる分については，1さつにつき50円です。(16点 /1つ8点)〔雲雀丘中〕

(1) 250さつ作るとき，費用《ひよう》は全部でいくらですか。

〔　　　〕

(2) 1さつにつき70円以下にするには，何さつ以上作らなければなりませんか。

〔　　　〕

3 次の表は，月曜日から金曜日までの京子さんの算数のテストの結果をまとめたものです。表の中の数字は，前日の得点《とくてん》を基準《きじゅん》にして，前日より高いときは↑で，低いときは↓で表したものです。水曜日のテストの得点が 70 点のとき，あとの問いに答えなさい。（24 点 /1 つ 8 点） 〔京都学園中〕

曜日	月	火	水	木	金
前日との差（点）	−	↑ 7	↓ 5	↑ 13	↓ 4

(1) 金曜日のテストは何点ですか。

〔　　　　〕

(2) 月曜日のテストは何点ですか。

〔　　　　〕

(3) 5 回の得点の平均を求めなさい。

〔　　　　〕

4 3 つの数があります。いちばん大きい数といちばん小さい数の差は 10 でした。3 つの数の平均は 90 で，そのうち 2 つの数の平均は 89 でした。いちばん大きい数は何ですか。（9 点） 〔甲南女子中〕

〔　　　　〕

5 車で家を出てから 200km 走行したとき，残りのガソリンは 30L でした。さらに 50km 走行したとき，残りのガソリンは 26L でした。この車には，家を出るとき，何 L のガソリンが入っていましたか。（9 点） 〔清風中〕

〔　　　　〕

6 こう茶 A は 100g あたり 300 円です。こう茶 A を 200g とこう茶 B を 300g 混《ま》ぜると 100g あたり 420 円のこう茶になります。こう茶 B は 100g あたり何円ですか。（10 点） 〔関西大中〕

〔　　　　〕

9 割《わり》合《あい》

ステップ 1

1 なおみさんのクラスの人数は 40 人で，そのうち 24 人が男子です。

(1) クラス全体の人数をもとにするとき，男子の人数の割合《わりあい》を，小数，分数，百分《ひゃくぶん》率《りつ》，歩合《ぶあい》で表しなさい。

小数［　　　　］　分数［　　　　］

百分率［　　　　］　歩合［　　　　］

(2) クラス全体の人数をもとにするとき，女子の人数の割合を，小数，分数，百分率，歩合で表しなさい。

小数［　　　　］　分数［　　　　］

百分率［　　　　］　歩合［　　　　］

2 次の問いに答えなさい。

(1) ある工場で作った 500 個《こ》の製品《せいひん》のうち，6 個が不良品でした。不良品の割合は作った製品の個数の何%ですか。

［　　　　］

(2) ある学校の生徒 240 人のうち，25%の人がめがねをかけています。めがねをかけている人は何人ですか。

［　　　　］

(3) こうじさんは，持っていたお金の 60%にあたる 780 円を使って本を買いました。こうじさんが持っていたお金はいくらですか。

［　　　　］

3 次の□にあてはまる数を求めなさい。

(1) 700g の 15%にあたる重さは□g です。

〔　　　　　〕

(2) 30 人は 150 人の□%にあたります。

〔　　　　　〕

(3) □円の 4 割にあたる金額《きんがく》は 600 円です。

〔　　　　　〕

(4) 4000 円の 40%は□円です。

〔　　　　　〕

(5) 5m は 20m の□%です。

〔　　　　　〕

4 りなさんは，3000 円持って買い物に行き，その $\frac{3}{5}$ にあたるお金で洋服を買いました。

(1) 洋服のねだんはいくらでしたか。

〔　　　　　〕

(2) 洋服を買って残ったお金は，はじめに持っていたお金の何%にあたりますか。

〔　　　　　〕

確認しよう

A という数量をもとにして，X という数量がその何倍にあたるかを表したものを「A をもとにしたときの X の割合」，「A に対する X の割合」といい，X÷A を計算して求めます。割合は 1 より小さい小数や分数になることが多いため，日常生活では，割合を 100 倍した%(パーセント)や，「割・分《ぶ》・厘《りん》・……」などの単位を用いて表します。

月	日	答え ➡ 別さつ14ページ

ステップ 2

時間 30分 合格 80点 得点 点

1 みどりさんの学校では，男子生徒 130 人のうち 30%の人がめがねをかけています。また，女子生徒 120 人のうち 5%の人がめがねをかけています。

(14 点 /1 つ 7 点)

(1) 女子のうち，めがねをかけている人は何人いますか。

〔　　　　　〕

(2) 学校全体で，めがねをかけている生徒の割合《わりあい》は何%ですか。

〔　　　　　〕

2 花だん一面に，赤と白のチューリップがさいています。そのうち，赤いチューリップの割合は全体の 45%で，白いチューリップは全部で 165 本あります。

(14 点 /1 つ 7 点)

(1) チューリップは全部で何本さいていますか。

〔　　　　　〕

(2) 赤いチューリップは何本さいていますか。

〔　　　　　〕

3 たけしさんは，持っていたお金の 12%で下じきを買い，残りのお金の $\frac{3}{4}$ で参考書を買いました。参考書のねだんは 1320 円でした。(16 点 /1 つ 8 点)

(1) 下じきを買ったあと，残ったお金はいくらでしたか。

〔　　　　　〕

(2) 下じきのねだんはいくらでしたか。

〔　　　　　〕

4 落とした高さの40%だけはね上がるボールがあります。このボールをある高さから落としたところ，1回目にはね上がった高さは80cmでした。(16点/1つ8点)

(1) 何mの高さからボールを落としましたか。

〔　　　　　　〕

(2) このボールが2回目にはね上がる高さは，はじめにボールを落とした高さの何割何分《ぶ》ですか。

〔　　　　　　〕

5 あるスーパーでは，牛肉のパックのねだんが，午後6時を過《す》ぎると定価《ていか》の1割引きに，午後8時を過ぎると定価の3割引きになります。(24点/1つ8点)

(1) 定価600円の牛肉のパックのねだんは，午後7時にはいくらになりますか。

〔　　　　　　〕

(2) 定価800円の牛肉のパックのねだんは，午後9時にはいくらになりますか。

〔　　　　　　〕

(3) ある牛肉のパックのねだんは，午後7時に買うよりも午後9時に買うほうが150円安いそうです。この牛肉のパックの定価はいくらですか。

〔　　　　　　〕

6 あるパン屋さんでは，土曜日に1個《こ》60円のクロワッサンが500個売れました。次の日(日曜日)には土曜日の2割引きのねだんで売ったところ，売れたクロワッサンの個数は40%増《ふ》えました。(16点/1つ8点)

(1) 日曜日にはクロワッサンが何個売れましたか。

〔　　　　　　〕

(2) 日曜日の売上金額《きんがく》は，土曜日の売上金額と比《くら》べて何%増えましたか。

〔　　　　　　〕

10 割合《わりあい》のグラフ

ステップ 1・2

時間 30分　合格 80点　得点　点

1 次の表は，東京のある小学校の 6 年生 200 人に，修学旅行《しゅうがくりょこう》で行きたいところについてアンケートを行った結果です。(60 点 /1 つ 10 点)

行きたいところ	北海道	九州	京都	富士山《ふじさん》	その他
人数(人)	58	40	66	24	12

(1) 北海道と答えた人，九州と答えた人はそれぞれ全体の何%ですか。

北海道〔　　　　〕 九州〔　　　　〕

(2) この結果を円グラフで表すとき，富士山を表す部分の中心角を何度にすればよいですか。

〔　　　　〕

(3) この結果を長さが 15cm の帯《おび》グラフで表すとき，京都を表す部分の長さを何 cm にすればよいですか。

〔　　　　〕

(4) この結果を，右の円グラフに表しなさい。

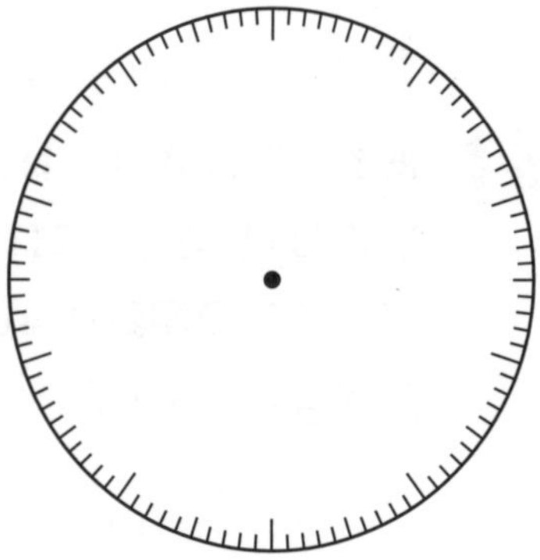

(5) この結果を，下の帯グラフに表しなさい。

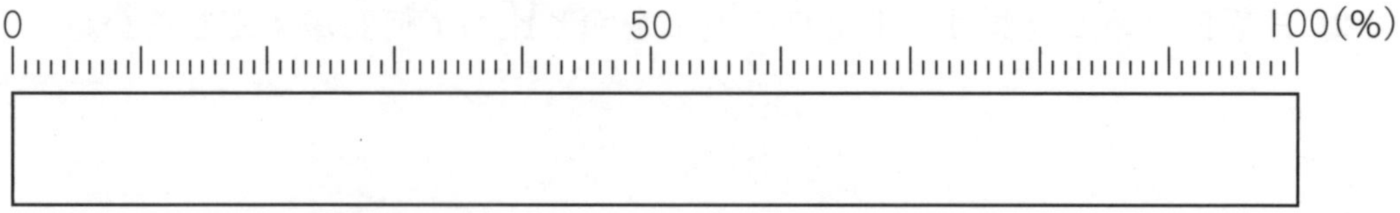

2 右の円グラフは，ある中学校の図書室の本の種類とそのさっ数の割合《わりあい》を表したものです。文学の本は800さつです。（16点／1つ8点）

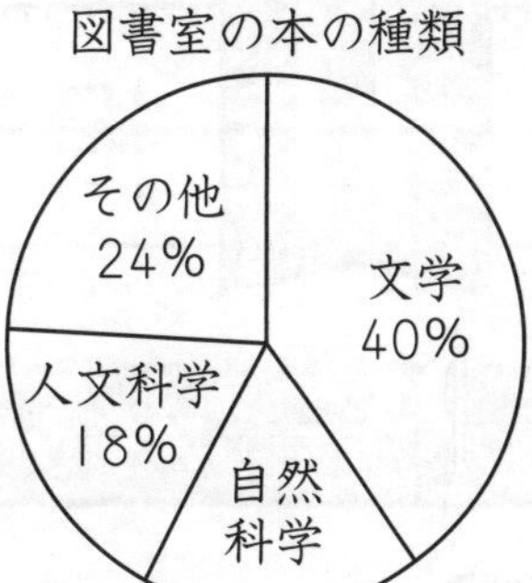

(1) この図書館の本は全部で何さつありますか。

〔　　　　〕

(2) 自然科学の本は何さつありますか。

〔　　　　〕

3 次の帯グラフは，1960年と2011年における日本の農業生産額《せいさんがく》の割合を表したものです。（24点／1つ8点）

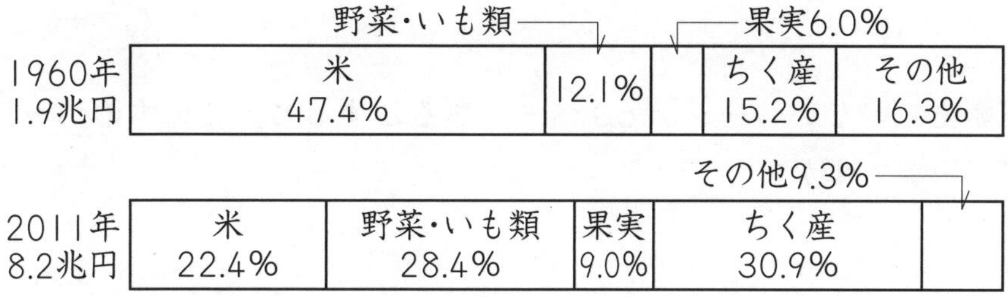

(1) 1960年の果実の生産額は何億円ですか。

〔　　　　〕

(2) 1960年から2011年にかけて，ちく産の生産額は約何倍になりましたか。最も近い整数で答えなさい。

〔　　　　〕

(3) ゆみさんは2つの帯グラフを比《くら》べて，「米の生産額は1960年から2011年にかけて約半分になっている」と考えました。ゆみさんの考えは正しいですか。理由をつけて答えなさい。

答え〔　　　　〕　理由〔　　　　〕

確認しよう

円グラフや帯グラフは，割合を表すのに適《てき》したグラフです。割合が高い順に，円グラフでは時計回りに，帯グラフでは左からならべると見やすくなります。円グラフでは1%を3.6°の大きさで表します。また，帯グラフを年代順に複数ならべると，割合の変化を読み取りやすくなります。

11 相当算

ステップ 1

1 ゆうたさんは，買ってきた本のうち，きのうは全体のページ数の $\frac{1}{4}$ を読み，今日は残りのページ数の $\frac{4}{9}$ を読みました。

(1) 2 日間で全体のページ数の何分のいくつを読みましたか。分数で答えなさい。

〔　　　　〕

(2) まだ読んでいないページが 60 ページあるとすると，この本のページ数は全部で何ページですか。

〔　　　　〕

2 ある中学校の生徒数は，男子が生徒全体の 45％で，女子が生徒全体の 52％より 36 人多いそうです。

(1) 36 人は，生徒全体の数の何％にあたりますか。

〔　　　　〕

(2) 女子生徒は何人ですか。

〔　　　　〕

3 容器《ようき》に水を $\frac{4}{5}$ だけ入れて容器ごとの重さをはかると 6.3kg で，同じ容器に水を $\frac{1}{3}$ だけ入れて容器ごとの重さをはかると 3.5kg です。

(1) 容器いっぱいに入る水の重さは何 kg ですか。

〔　　　　〕

(2) 容器だけの重さは何 kg ですか。

〔　　　　〕

4 プールに長さのちがう２本のぼうをまっすぐに立てたところ，長いぼうの $\frac{4}{7}$，短いぼうの $\frac{1}{3}$ が水面から上に出ました。

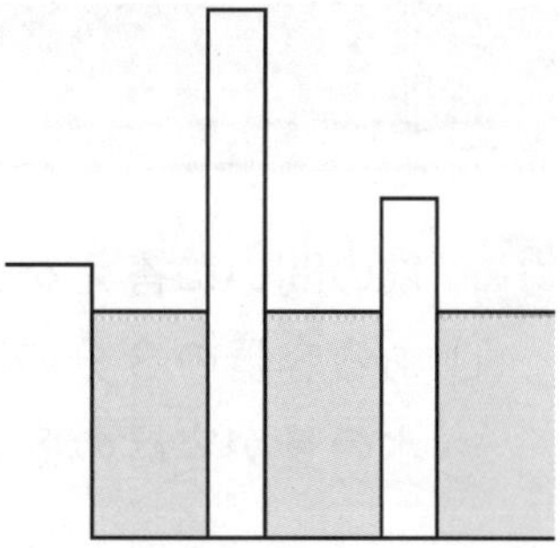

(1) プールの深さを１とするとき，長いぼう，短いぼうの長さを，それぞれ分数で表しなさい。

長いぼう〔　　　　　　　　〕

短いぼう〔　　　　　　　　〕

(2) ２本のぼうの長さの差が１m のとき，プールの深さを求めなさい。

〔　　　　　　　　〕

5 ２つのボールＡ，Ｂがあります。Ａは落とした高さの $\frac{3}{5}$ だけはね上がります。Ｂは落とした高さの $\frac{1}{2}$ だけはね上がります。

(1) ２つのボールＡ，Ｂをある同じ高さから落としたところ，Ａは 36cm はね上がりました。Ｂは何 cm はね上がりましたか。

〔　　　　　　　　〕

(2) ２つのボールＡ，Ｂをある同じ高さから落としたところ，ＡとＢが２回目にはね上がった高さの差は 15.4cm でした。何 cm の高さから落としましたか。

〔　　　　　　　　〕

6 ある学校では，全生徒の $\frac{1}{5}$ がめがねをかけており，そのうち $\frac{2}{7}$ が女子です。めがねをかけている男子が 35 人だとすると，めがねをかけている女子は何人ですか。

〔　　　　　　　　〕

確認しよう 全体のうちの一部分の数量と，その割合《わりあい》がわかっていれば，(一部分の数量)÷(その割合)という計算で全体の数量を求めることができます。このような計算を用いる文章題を「相当算」といい，割合に関する問題では「相当算」の考え方を用いるものがたくさんあります。

月　日　答え ➡ 別さつ16ページ

ステップ 2

時間 30分　合格 80点　得点　点

1 次の問いに答えなさい。(24点 /1つ8点)

(1) ある容器《ようき》の３分の１に水が入っています。この容器に 650mL の水をたしたら，水の量が容器の８分の７になりました。この容器には何 L の水が入りますか。

〔京都橘中〕

〔　　　　〕

(2) ある本を，１日目に全体の $\frac{3}{5}$ だけ読み，２日目に残りの $\frac{1}{4}$ だけ読むと，81 ページ残りました。この本は全部で何ページありますか。

〔浪速中〕

〔　　　　〕

(3) あるクラスの男子の人数はクラス全体の $\frac{2}{5}$ です。このクラスの男子の $\frac{3}{4}$ にあたる 15 人は自転車で登校します。このクラスの人数は何人ですか。

〔追手門学院中〕

〔　　　　〕

2 １本のひもを太郎《たろう》さん，次郎《じろう》さん，三郎《さぶろう》さんの３人で分けることになりました。まず太郎さんが全体の $\frac{2}{5}$ より 3m 多く取り，次に次郎さんが残りの $\frac{2}{3}$ より 3m 短く取り，最後に三郎さんが次郎さんの取った残りの $\frac{3}{4}$ より 2m 多く取ったら，ひもは 1m あまりました。(16点 /1つ8点)

〔淳心学院中〕

(1) 三郎さんが取ったひもの長さは何 m ですか。

〔　　　　〕

(2) はじめのひもの長さは何 m ですか。

〔　　　　〕

3 O 小学校全員で映画かんしょう会を行います。人数が多いので，3 つの教室に分かれてかんしょうします。第 1 教室では全体の $\frac{1}{3}$，第 2 教室では全体の $\frac{3}{7}$，第 3 教室では 60 人がかんしょうしました。（18 点 /1 つ 9 点） 〔大谷中〕

(1) O 小学校の全員の人数を求めなさい。

〔　　　　　〕

(2) O 小学校では，女子の人数は男子の人数の $\frac{13}{15}$ にあたります。男子と女子の人数をそれぞれ求めなさい。

男子〔　　　　　〕 女子〔　　　　　〕

4 みかんをカゴに $\frac{2}{3}$ だけつめると，カゴ代を入れて 3050 円に，また，$\frac{7}{9}$ だけつめると，カゴ代を入れて 3500 円になりました。（18 点 /1 つ 9 点） 〔武庫川女子大附中〕

(1) カゴ代はいくらですか。

〔　　　　　〕

(2) みかんをカゴにいっぱいにつめると，カゴ代を入れていくらですか。

〔　　　　　〕

5 ある中学校の生徒会選挙に，A さん，B さん，C さんの 3 人が立候補《りっこうほ》しました。投票の結果，A さんの得票数《とくひょうすう》は全体の 40%で，B さんの得票数は C さんの得票数の $\frac{5}{7}$ でした。また, A さんと C さんの得票数の差は 36 票でした。ただし，無効票《むこうひょう》はなかったものとします。（24 点 /1 つ 8 点） 〔大谷中〕

(1) C さんの得票数は全体の何%でしたか。

〔　　　　　〕

(2) 全体の得票数は何票でしたか。

〔　　　　　〕

(3) B さんの得票数は何票でしたか。

〔　　　　　〕

月　　日　答え ➡ 別さつ17ページ

12 損益算《そんえきざん》

ステップ 1

1 次の□にあてはまる数を求めなさい。

(1) 原価《げんか》 1200 円の品物に 15%の利益《りえき》を見こんでつけた定価《ていか》は□円です。

〔プール学院中〕

〔　　　　〕

(2) 定価□円の品物を 3 割《わり》引きで買うと 1820 円です。 〔大阪信愛女学院中〕

〔　　　　〕

(3) 800 円の品物を 2 割 5 分《ぶ》引きで買いました。1000 円札でしはらったとき，おつりは□円になります。

〔京都学園中〕

〔　　　　〕

2 1 個《こ》 1500 円のある商品を仕入れ，仕入れ値《ね》の 40%の利益を見こんで定価をつけました。

(1) 定価はいくらですか。

〔　　　　〕

(2) この商品を，定価の 2 割引きのねだんで売りました。売り値はいくらですか。

〔　　　　〕

(3) (2)のとき，利益はいくらになりますか。

〔　　　　〕

3 ある品物の仕入れ値に２割５分の利益を見こんで定価をつけましたが，売れ残ったので，定価の１割引きで売ったところ，400円の利益がありました。

(1) 仕入れ値の割合《わりあい》を１とするとき，利益の割合を小数で表しなさい。

〔　　　　　　〕

(2) この品物の仕入れ値はいくらですか。

〔　　　　　　〕

4 ある品物に原価の３割の利益を見こんで定価をつけましたが，売れないので定価の２割引きにして売ったところ，280円の利益となりました。原価はいくらでしたか。

〔聖セシリア女子中〕

〔　　　　　　〕

5 Aという商品を100個仕入れ，原価の４割の利益を見こんで定価をつけて，次のように売っていきました。

〔四條畷学園中〕

１日目：定価で30個売りました。

２日目：定価の２割引きで何個か売りました。

３日目：２日目の売り値の１割引きで残りをすべて売り，この日は１個につき４円の利益がありました。

(1) 原価はいくらですか。

〔　　　　　　〕

(2) ２日目に50個売れたとすると，この３日間の利益の合計はいくらですか。

〔　　　　　　〕

確認しよう

売買に関する問題では，「原価(仕入れ値)」「定価」「売り値」「利益」の関係を正しくつかむことが大切です。また，割増《ま》しや割引きの計算をするときは，もとの数量に割増し分を加えたり，もとの数量から割引き分をひいたりせず，割増し，割引き分をふくめた割合をかけて求めます。

月　日　答え ➡ 別さつ18ページ

ステップ 2

時間 30分　合格 80点　得点　点

1 次の問いに答えなさい。(24点 /1つ8点)

(1) 4000円で仕入れた商品を，定価《ていか》の2割《わり》引きで売ったところ，原価の1割の利益《りえき》がありました。この商品の定価を求めなさい。〔東山中〕

〔　　　〕

(2) ある商品に原価の2割の利益を見こんで定価をつけ，定価の1割引きで売ったところ，120円の利益がありました。この商品の原価は何円ですか。〔開智中〕

〔　　　〕

(3) ある商品に150円の利益を見こんで定価をつけましたが，売れなかったので定価の30%引きで売ったところ30円の損《そん》をしました。原価はいくらですか。〔日本大豊山中〕

〔　　　〕

2 ある品物を1個《こ》250円で800個仕入れて，4割の利益を見こんで定価をつけて売りました。しかし，3割が売れ残ってしまったので，残った品物をすべて値《ね》引きして売りました。その結果，利益は予定の82%になりました。

(24点 /1つ8点)〔京都産業大附中〕

(1) 定価で売れた品物の個数は何個ですか。

〔　　　〕

(2) 実際《じっさい》の利益は何円になりましたか。

〔　　　〕

(3) 売れ残った品物は，定価から何円値引きしましたか。

〔　　　〕

3 ある商品を，定価の 10%引きで売ると 240 円の利益があり，定価の 25%引きで売ると 300 円の損になります。(14 点 /1 つ 7 点)

(1) 240 ＋ 300 ＝ 540(円)は，定価の何%にあたりますか。

〔　　　　　〕

(2) この商品の仕入れ値はいくらですか。

〔　　　　　〕

4 ある店で 400 個の品物を仕入れ，仕入れ値の 2 割増《ま》しの定価をつけて売りましたが，売れ残ったので，残りの品物を定価の 4 割引きで売ったところ，すべて売り切ることができました。売り上げは，すべての品物を定価で売るときよりも 10%少なく，216000 円でした。(24 点 /1 つ 8 点)　〔上宮中〕

(1) すべての品物を定価で売ったとすると，売り上げは何円ですか。

〔　　　　　〕

(2) 品物 1 個の仕入れ値はいくらですか。

〔　　　　　〕

(3) 定価の 4 割引きで売った品物は何個ですか。

〔　　　　　〕

5 ある商品を 210 個仕入れ, 仕入れ値の 2 割の利益を見こんで定価をつけて売ったところ，全体の $\frac{1}{3}$ が売れ残りました。そこで，残った商品を定価の 1 割引きである 162 円で売ったところ，すべて売れました。(14 点 /1 つ 7 点)　〔明星中〕

(1) 仕入れ値は 1 個あたり何円でしたか。

〔　　　　　〕

(2) 利益は全部で何円になりましたか。

〔　　　　　〕

13 濃度算《のうどざん》

ステップ1

1 次の□にあてはまる数を求めなさい。

(1) 水285gに食塩15gを加えると□%の食塩水ができます。〔京都聖母学院中〕

〔　　　　〕

(2) 8%の食塩水200gには□gの食塩がとけています。〔樟蔭中〕

〔　　　　〕

(3) 12%の食塩水を400g作るには□gの水と□gの食塩が必要です。

〔　　　　〕〔　　　　〕

2 12%の食塩水が300gあります。この食塩水をAとします。

(1) Aには，食塩が何gふくまれていますか。

〔　　　　〕

(2) Aに水を100g加えると，何%の食塩水になりますか。

〔　　　　〕

(3) Aの水を100gじょう発させると，何%の食塩水になりますか。

〔　　　　〕

(4) Aに食塩を30g加えると，何%の食塩水になりますか。

〔　　　　〕

3 容器《ようき》Aには22%の食塩水が200g，容器Bには12%の食塩水が300g入っています。

(1) 容器A，容器Bの食塩水にふくまれる食塩の量は，それぞれ何gですか。

A〔　　　　〕 B〔　　　　〕

(2) 2つの容器に入った食塩水を混《ま》ぜ合わせると，何%の食塩水になりますか。

〔　　　　〕

4 9%の食塩水300gに，濃度《のうど》のわからない食塩水450gを加えて混ぜ合わせると，6%の食塩水になりました。加えた食塩水は何%の食塩水ですか。 〔滝川第二中〕

〔　　　　〕

5 3%の食塩水と8%の食塩水を混ぜて，5%の食塩水を300g作りたいと思います。このとき，3%の食塩水と8%の食塩水をそれぞれ何gずつ混ぜればよいかについて，次のように考えました。□にあてはまる数を求めなさい。

> 5%の食塩水300gの中には，食塩が［ア］gふくまれています。もし，300gすべてが3%の食塩水だとすると，ふくまれる食塩は［イ］gだから，あと［ウ］g不足します。3%の食塩水の代わりに8%の食塩水を使うと，食塩水1gにつき食塩が［エ］g増《ふ》えるので，食塩の重さを［ア］gにするためには，8%の食塩水を［オ］g使えばよいことになります。このとき，3%の食塩水は［カ］g使うことになります。

ア〔　　　　〕 イ〔　　　　〕 ウ〔　　　　〕

エ〔　　　　〕 オ〔　　　　〕 カ〔　　　　〕

確認しよう

食塩水は水に食塩をとかしたものです。食塩水の濃《こ》さを表すのに，「濃度」という割合《わりあい》を使います。濃度は，食塩水にふくまれる食塩の重さの，水もふくめた食塩水全体の重さに対する割合を百分率《ひゃくぶんりつ》で表したものです。食塩水の問題を考えるときは，中にとけている食塩の量に着目《ちゃくもく》することが大切です。

月　日　答え ➡ 別さつ19ページ

STEP 2 ステップ2

時間 30分
合格 80点
得点　点

1 次の□にあてはまる数を求めなさい。(28点/1つ7点)

(1) 15%の食塩水400gと9%の食塩水800gを混《ま》ぜると，□%の食塩水ができます。〔帝塚山学院中〕

〔　　　　　〕

(2) 12%の食塩水350gに□gの水を加えると10%の食塩水になります。〔東海大付属大阪仰星中〕

〔　　　　　〕

(3) 2.5%の食塩水□gに9%の食塩水を加えて，6.4%の食塩水を500g作りました。〔関西学院中〕

〔　　　　　〕

(4) 3%の食塩水200gから□gの水をじょう発させると8%の食塩水になります。〔開智中〕

〔　　　　　〕

2 12%の食塩水に，食塩12gと水を加えてよくかき混ぜたところ，8%の食塩水が420gできました。(16点/1つ8点)〔神奈川大学附中〕

(1) 8%の食塩水には何gの食塩がとけていますか。

〔　　　　　〕

(2) 水は何g混ぜましたか。

〔　　　　　〕

3 ビーカーに濃度《のうど》が 10%の食塩水が 300g 入っています。(24 点 /1 つ 8 点)　〔上宮中〕

(1) このビーカーに水を加えたところ，濃度は 6%になりました。加えた水は何 g ですか。

〔　　　　〕

(2) (1)のビーカーに濃度が 14%の食塩水を入れたところ，濃度は 9%になりました。加えた 14%の食塩水は何 g ですか。

〔　　　　〕

(3) (2)のビーカーから食塩水を何 g かすて，すてた量と同じ量だけ濃度が 14%の食塩水を加えたところ，濃度は 12%になりました。加えた 14%の食塩水は何 g ですか。

〔　　　　〕

4 濃度が 18%の食塩水 A と，12%の食塩水 B があります。(16 点 /1 つ 8 点)〔京都橘中〕

(1) 食塩水 A を 120g と食塩水 B を 60g 混ぜます。できた食塩水の濃度は何%ですか。

〔　　　　〕

(2) 2 つの食塩水を混ぜ，濃度が 17%の食塩水を 300g つくります。食塩水 A，B をそれぞれ何 g ずつ混ぜればよいですか。

A〔　　　　〕 B〔　　　　〕

5 10%の食塩水 300g が入っている容器《ようき》A と，6%の食塩水 400g が入っている容器 B があります。(16 点 /1 つ 8 点)　〔甲南中〕

(1) 容器 A から 100g 取り出して容器 B に移しました。このとき，容器 B の食塩水の濃《こ》さは何%ですか。

〔　　　　〕

(2) (1)の後，容器 B から 100g 取り出して容器 A に移し，さらに 100g の水を加えました。このとき，容器 A の食塩水の濃さは何%ですか。

〔　　　　〕

月　　日　答え ➡ 別さつ20ページ

14 消去算

ステップ 1

1 果実店で，りんご２個《こ》とみかん２個を買うと210円，りんご２個とみかん５個を買うと300円です。

210円

300円

(1) ２つの買い方を比《くら》べると，みかん□個のねだんが，300－210＝90(円)であることがわかります。□にあてはまる数を答えなさい。

〔　　　　　　〕

(2) りんご１個，みかん１個のねだんをそれぞれ求めなさい。

りんご〔　　　　　　〕　みかん〔　　　　　　〕

2 文ぼう具屋さんで，ノート１さつとえんぴつ３本を買うと240円，ノート２さつとえんぴつ５本を買うと440円です。

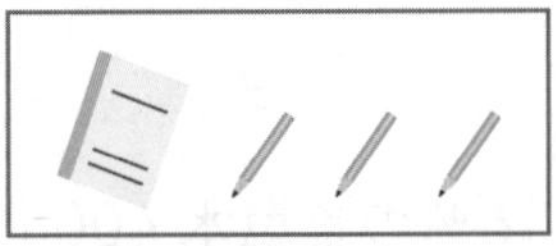

240円

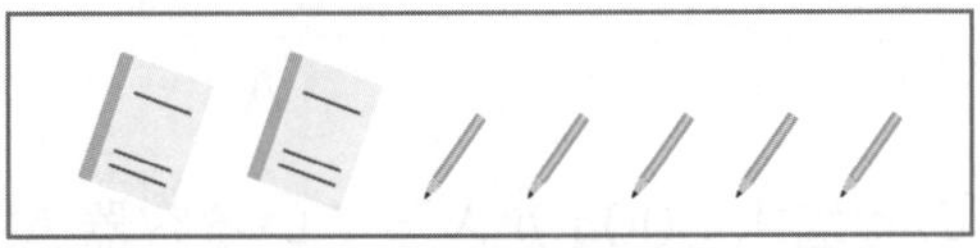

440円

(1) ノート２さつとえんぴつ６本を買うといくらになりますか。

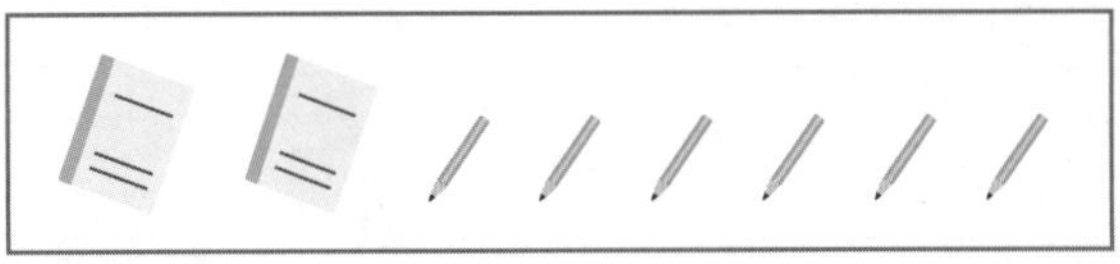

〔　　　　　　〕

(2) ノート１さつ，えんぴつ１本のねだんをそれぞれ求めなさい。

ノート〔　　　　　　〕　えんぴつ〔　　　　　　〕

3 ある植物園の入園料は，大人 3 人と子ども 5 人で入園すると 2400 円，大人 2 人と子ども 6 人で入園すると 2240 円かかります。

(1) 大人 6 人と子ども 10 人で入園すると，入園料はいくらになりますか。

〔　　　　〕

(2) 大人 6 人と子ども 18 人で入園すると，入園料はいくらになりますか。

〔　　　　〕

(3) 大人 1 人，子ども 1 人の入園料はそれぞれいくらですか。

大人〔　　　　〕 子ども〔　　　　〕

4 ケーキ 6 個とプリン 4 個の代金は 2160 円，ケーキ 2 個とプリン 1 個の代金は 680 円です。ケーキ 1 個の代金はいくらですか。 〔智辯学園中〕

〔　　　　〕

5 えんぴつ 5 本とボールペン 4 本を買うと，代金の合計は 470 円でした。また，えんぴつ 2 本とボールペン 7 本を買うと，代金の合計は 620 円でした。ボールペン 1 本のねだんはいくらですか。 〔桐光学園中〕

〔　　　　〕

6 ケーキ 6 個とシュークリーム 3 個のねだんは合わせて 3240 円です。ケーキ 2 個のねだんはシュークリーム 5 個のねだんと同じです。ケーキ 1 個のねだんはいくらですか。 〔智辯学園中〕

〔　　　　〕

確認しよう

消去算では，2 つのもののうちどちらかの数を同じにして，もう一方の数のちがいに着目《ちゃくもく》して問題を解《と》きます。また，問題にはどちらか一方の金額《きんがく》のみが問われていても，必ず両方の金額を出して，それらが問題にあてはまるかどうかを確《たし》かめる作業が重要です。

月　日　答え ➡ 別さつ21ページ

ステップ 2

時間 30分　合格 80点　得点　点

1 次の問いに答えなさい。(30点/1つ10点)

(1) 消しゴム6個《こ》とえんぴつ3本で570円，消しゴム4個とえんぴつ12本で1320円です。えんぴつ1本のねだんを求めなさい。〔帝京大中〕

〔　　　　〕

(2) みかん8個，りんご2個，なし4個の代金の合計が1400円で，みかん8個，りんご4個，なし4個の代金の合計が1760円です。このとき，みかん2個，なし1個の代金の合計を求めなさい。〔神奈川学園中〕

〔　　　　〕

(3) えんぴつ4本とペン2本のねだんは430円で，えんぴつ5本とペン3本のねだんは590円です。えんぴつとペンを10本ずつと，120円のノートを4さつ買ったときのねだんは何円になりますか。〔大谷中〕

〔　　　　〕

2 りんご4個とみかん5個を買うと代金は765円で，りんご7個とみかん9個を買うと代金は1355円です。(20点/1つ10点)〔神奈川大学附中〕

(1) りんご1個とみかん1個を買うと代金は何円ですか。

〔　　　　〕

(2) りんご1個は何円ですか。

〔　　　　〕

3 ある植物園の入園料は, 大人２人, 中学生２人, 小学生１人の合計が 2350 円で, 大人１人, 中学生１人, 小学生２人の合計が 1550 円です。

(20点 /1つ10点)〔滋賀学園中〕

(1) 大人１人, 中学生１人, 小学生１人の入園料の合計は何円ですか。

〔　　　　　〕

(2) 大人１人の入園料は, 中学生１人の入園料の２倍です。大人１人の入園料は何円ですか。

〔　　　　　〕

4 容器《ようき》に油を $200cm^3$ 入れて容器ごと重さをはかったら 300g でした。また, 同じ容器に油を $350cm^3$ 入れて容器ごと重さをはかったら 420g でした。

(20点 /1つ10点)

(1) 油 $1cm^3$ あたりの重さは何 g ですか。

〔　　　　　〕

(2) 容器だけの重さは何 g ですか。

〔　　　　　〕

5 重さのことなる A, B, C, D 4 種類のおもりがあります。これらのおもりをてんびんに乗せると, 次のようにつり合いました。B のおもりが 25g のとき, D のおもりは何 g ですか。(10点)

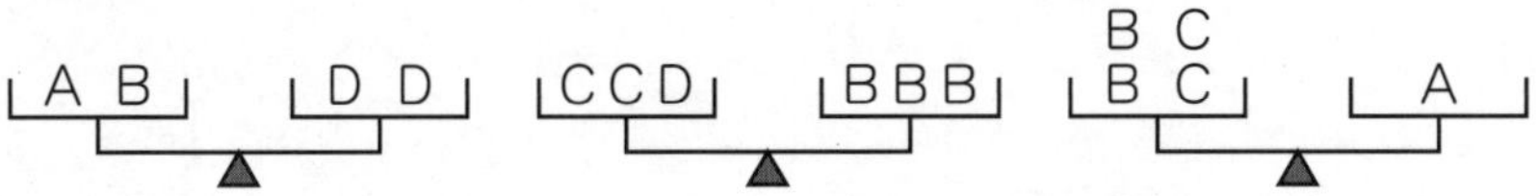

〔　　　　　〕

ステップ 3

月　　日　答え ➡ 別さつ22ページ

時間 30分　合格 80点　得点　　点

1 次の問いに答えなさい。(30点 /1つ10点)

(1) ある学校の今年の生徒数は486人で，昨年の生徒数より8%増《ふ》えました。昨年の生徒数を求めなさい。 〔武庫川女子大附中〕

〔　　　　　　〕

(2) 15%の食塩水が300gあります。この食塩水の100gをすてて，新たに50gの水を入れると何%の食塩水になりますか。 〔東海大学付属大阪仰星中〕

〔　　　　　　〕

(3) 原価《げんか》2100円の品物に3割《わり》の利益《りえき》を見こんで定価をつけ，その定価の2割引きで売ったときの利益はいくらでしたか。 〔関西大中〕

〔　　　　　　〕

2 りんごジュース3本とみかんジュース6本を買い，1500円はらいました。りんごジュース1本のねだんがみかんジュース1本のねだんより80円高いとき，りんごジュース1本のねだんはいくらですか。(10点) 〔近畿大附中〕

〔　　　　　　〕

3 ゆき子さんはある小説を読み始めました。1日目に最初のページから全体の$\frac{1}{5}$より8ページ少なく読み, 2日目は残りの$\frac{2}{3}$より15ページ多く読んだので，小説の残りのページ数は45ページになりました。(14点 /1つ7点) 〔品川女子学院中〕

(1) 1日目に読んだ後，この小説の残りのページ数は何ページですか。

〔　　　　　　〕

(2) この小説は全部で何ページありますか。

〔　　　　　　〕

4 右の円グラフは，ある中学校の生徒 50 人に，所属《しょぞく》している部活動について調査《ちょうさ》した結果です。ホッケー部，サッカー部，箏曲部《そうきょくぶ》，家庭科部，バトン部に所属している生徒の人数は，それぞれ 19 人，9 人，8 人，6 人，5 人です。(18 点 /1 つ 6 点)　〔羽衣学園中〕

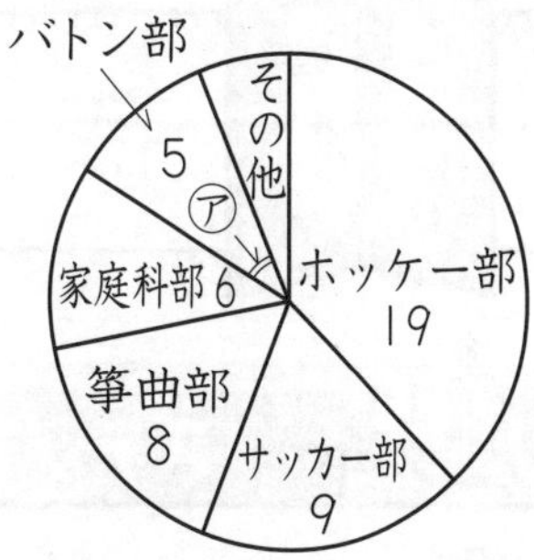

(1) 円グラフにある「その他」の生徒人数を答えなさい。

〔　　　　〕

(2) 全体に対して，「ホッケー部」に所属している生徒人数の割合《わりあい》を百分率《ひゃくぶんりつ》で答えなさい。

〔　　　　〕

(3) 円グラフにある「バトン部」の㋐の角度を答えなさい。

〔　　　　〕

5 濃度《のうど》が 4%の食塩水 50g に食塩 10g を混《ま》ぜ合わせるとき，次の問いに答えなさい。(14 点 /1 つ 7 点)　〔近畿大附中〕

(1) できた食塩水の濃度は何%ですか。

〔　　　　〕

(2) できた食塩水に濃度が 9%の食塩水 200g と水を混ぜ合わせると，濃度が 6%になりました。加えた水は何 g ですか。

〔　　　　〕

6 ある店で 200 個のヨーグルトを仕入れ，25%の利益を見こんで定価をつけました。月曜日は定価で売りましたが，売れ残ったので，火曜日は定価の 10%引きの 108 円で売りました。すると，売り切ることができ，全部で 3300 円の利益が出ました。このとき，次の問いに答えなさい。(14 点 /1 つ 7 点)　〔京都橘中〕

(1) このヨーグルトの定価は，1 個何円ですか。

〔　　　　〕

(2) 月曜日に売れた個数は何個ですか。

〔　　　　〕

15 速さ

ステップ 1

1 速さの単位を変えなさい。

(1) 時速 6km＝分速［　　　　］m

(2) 分速 80m＝時速［　　　　］km

(3) 秒速 20m＝分速［　　　　］m＝時速［　　　　］km

(4) 時速 90km＝分速［　　　　］m＝秒速［　　　　］m

2 次の問いに答えなさい。

(1) 2km を 40 分で歩く人の速さは分速何 m ですか。

［　　　　］

(2) 120km の道のりを 1 時間 30 分で走る列車の速さは時速何 km ですか。

［　　　　］

(3) 200m を 25 秒で走る人の速さは秒速何 m ですか。

［　　　　］

(4) 時速 4km の速さで 45 分歩くと何 m 進みますか。

［　　　　］

(5) 時速 60km の自動車で 200km の道のりを走るには何時間何分かかりますか。

［　　　　］

3 家から駅まで 960m の道のりを，行きは分速 80m，帰りは分速 120m の速さで往復《おうふく》しました。

(1) 往復にかかった時間は合計何分ですか。

[　　　　　]

(2) 往復の平均《へいきん》の速さは分速何 m ですか。

[　　　　　]

4 家から学校まで，行きは分速 75m の速さで歩いて 12 分かかりました。帰りは同じ道を分速 60m の速さで歩いて帰りました。

(1) 家から学校までの道のりは何 m ですか。

[　　　　　]

(2) 帰りにかかった時間は何分ですか。

[　　　　　]

5 3km の道のりを行くのに，A さんは，はじめの 15 分間は毎分 80m で歩き，残りの道のりは毎分 180m で走りました。

(1) 毎分 180m で何分間走りましたか。

[　　　　　]

(2) B さんは，同じ道のりを，A さんと同時にずっと同じ速さで歩き始め，A さんより 1 分早く目的地に着きました。B さんの歩く速さは毎分何 m ですか。

[　　　　　]

確認しよう

速さの計算をするときには，時間，道のり，速さの単位にじゅうぶん注意する必要があります。また，往復の「平均の速さ」とは，往復の道のりを往復にかかった時間でわって求めます。(行きの速さ＋帰りの速さ)÷2 ではないことに注意しましょう。

月　日　答え ➡ 別さつ23ページ

ステップ 2

時間 30分　合格 80点　得点　点

1 次の□にあてはまる数を求めなさい。(30点/1つ6点)

(1) 秒速10mは時速□kmです。

〔　　〕

(2) 1時間に9km走る自転車の速さは毎分□mです。〔大谷中〕

〔　　〕

(3) 時速10kmで15分間進んだときの道のりは□mです。〔東海大付属大阪仰星中〕

〔　　〕

(4) 32kmの道のりを毎時12kmで走ると，□時間□分かかります。〔育英西中〕

〔　　〕時間〔　　〕分

(5) 分速120mで歩くと50分かかる道のりを，時速□kmの車で走ると10分かかります。〔甲南中〕

〔　　〕

2 次の問いに答えなさい。(14点/1つ7点)

(1) 片道60kmの道のりを自転車で往復《おうふく》します。行きは時速12km，帰りは時速20kmの速さで往復するとき，平均《へいきん》の速さは時速何kmですか。

〔　　〕

(2) 行きに時速6kmで30分かかった道のりを，時速何kmの速さで帰ると，往復の平均の速さが時速4.8kmになりますか。〔立命館宇治中〕

〔　　〕

3 妹は学校に行くのに 7 時 53 分に家を出ます。妹は分速 60m で歩き，8 時 17 分に学校に着きました。姉は妹が出発してから 8 分後に家を出て歩いて学校に向かい，妹と同じ時間に学校に着きました。(16 点 /1 つ 8 点)　〔常翔啓光学園中〕

(1) 家から学校までの道のりは何 m ですか。

〔　　　　　〕

(2) 姉の歩く速さは分速何 m ですか。

〔　　　　　〕

4 ななみさんは，午前 10 時に家を出て，1440m はなれた図書館に毎分 60m の速さで歩いて向かいました。ところが，家を出てから 4 分後に忘れ物に気づき，毎分 120m の速さで走って家にもどり，忘れ物を持ってすぐに早足で歩いて図書館に向かいました。図書館には，最初の予定どおりの時間に着きました。

(24 点 /1 つ 8 点)

(1) 最初，図書館には午前何時何分に着く予定でしたか。

〔　　　　　〕

(2) ななみさんが家にもどったのは午前何時何分ですか。

〔　　　　　〕

(3) 家にもどったあと，図書館まで毎分何 m の速さで歩きましたか。

〔　　　　　〕

5 100m 走るのに，兄は 16 秒かかり，妹は 20 秒かかります。(16 点 /1 つ 8 点)

(1) 兄と妹が 100m 競走をすると，兄がゴールインしたとき，妹はゴールまであと何 m のところを走っていますか。

〔　　　　　〕

(2) 兄がスタート地点の何 m か後ろからスタートして 100m 競走をしたところ，兄と妹が同時にゴールインしました。何 m 後ろからスタートしましたか。

〔　　　　　〕

月　日　答え ➡ 別さつ24ページ

16 旅人算

ステップ 1

1 Aさんと Bさんが，540m はなれて立っています。いま，Aさんは毎分 50m の速さで，Bさんは毎分 40m の速さで，同時に向かいあって歩き始めます。

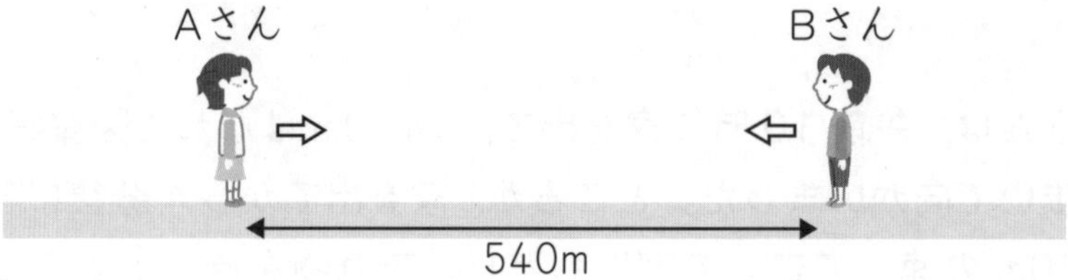

(1) 2人が出会うまでの間，AさんとBさんは1分間につき何mずつ近づきますか。

〔　　　　〕

(2) 2人が出会うのは歩き始めてから何分後ですか。

〔　　　　〕

2 Aさんと Bさんが，120m はなれて立っています。いま，Aさんは毎分 50m の速さで，Bさんは毎分 40m の速さで，同時に同じ方向に歩き始めます。

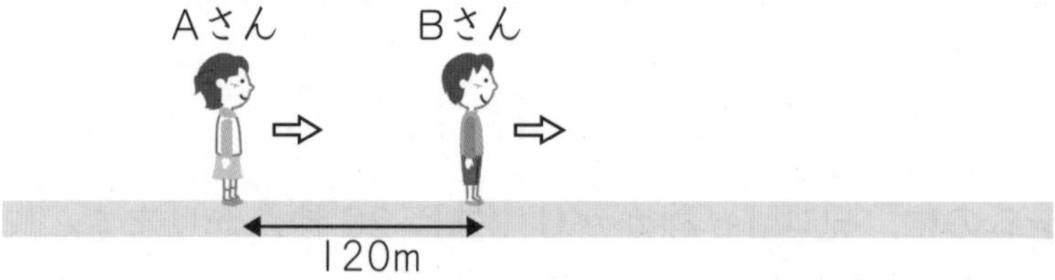

(1) AさんがBさんに追いつくまでの間，AさんはBさんに1分間につき何mずつ近づきますか。

〔　　　　〕

(2) AさんがBさんに追いつくのは歩き始めてから何分後ですか。

〔　　　　〕

3 2km はなれた 2 地点 P，Q があります。A さんは P 地点を出発し，分速 50m の速さで Q 地点に向かいます。A さんが P 地点を出発した 4 分後に，B さんが Q 地点を出発し，分速 70m の速さで P 地点に向かいます。

(1) 2 人が出会うのは，A さんが出発してから何分後ですか。

〔　　　　〕

(2) 2 人が出会う地点は，Q 地点から何 m のところですか。

〔　　　　〕

4 弟は家を 10 時に出て，分速 60m の速さで歩いてゆうびん局に向かって出発しました。兄は 10 時 14 分に家を出て，分速 200m の自転車で弟を追いかけました。兄が弟に追いついたのは，ゆうびん局の 300m 手前でした。

(1) 兄が弟に追いついたのは，何時何分ですか。

〔　　　　　　〕

(2) 家からゆうびん局までの道のりは何 m ですか。

〔　　　　〕

5 ある公園を 1 周する遊歩道があり，この道を兄が分速 90m で，弟が分速 60m で歩きます。2 人が同じ地点からそれぞれ反対向きに歩き始めると，ちょうど 6 分で再び出会います。〔滝川中〕

(1) 遊歩道の 1 周の長さは何 m ですか。

〔　　　　〕

(2) 2 人が同じ地点から同じ向きに歩き始めたとき，兄が弟にはじめて追いつくのは何分後ですか。

〔　　　　〕

確認しよう 2 人が向かいあって進むとき，出会うまでにかかる時間は「2 人の間のきょり÷速さの和」で求めることができます。また，追いかけるとき，追いつくまでの時間は「2 人の間のきょり÷速さの差」で求めることができます。

月　　日	答え ➡ 別さつ25ページ

ステップ 2

時間 30分　合格 80点　得点　　点

1 次の問いに答えなさい。(30点 /1つ10点)

(1) 周囲《しゅうい》が 2700m の池のまわりを A は分速 60m，B は分速 90m で同じ地点から反対方向に進みます。2人がはじめて出会うのは何分後ですか。

〔東海大付属大阪仰星中〕

〔　　　　　　〕

(2) 弟が分速 80m の速さで歩いて家を出発してから 9 分後に，兄が自転車で弟を追いかけます。兄の速さが分速 180m のとき，兄は出発してから何分何秒後に弟に追いつきますか。

〔近畿大附中〕

〔　　　　　　〕

(3) 妹は分速 40m の速さで，家を 9 時 56 分に出て，図書館に向かって歩き始めました。妹が家を出てから 12 分後に姉が妹のあとを追いかけ，10 時 14 分に追いつきました。姉の速さは分速何 m ですか。

〔松蔭中〕

〔　　　　　　〕

2 1周 3600m のサイクリングコースがあります。A さんと B さんが同じ地点から自転車で同時に反対方向に走ると 10 分後にはじめて出会い，また，同時に同じ方向に走ると 90 分後に A さんが B さんをはじめて追いこします。

(18点 /1つ9点)

(1) A さんと B さんの速さの和は分速何 m ですか。

〔　　　　　　〕

(2) A さんの速さは分速何 m ですか。

〔　　　　　　〕

3 1周が4.2kmである池のまわりの道で，AさんとBさんがマラソンの練習をしています。2人が同時に同じ場所から反対向きに出発すると，ちょうど10分後にはじめてすれちがいます。Aさんの走る速さは秒速4mです。

(24点/1つ8点)〔上宮中〕

(1) Aさんの走る速さを時速に直すと時速何kmですか。

〔　　　　　〕

(2) Bさんの走る速さは秒速何mですか。

〔　　　　　〕

(3) Bさんが池のまわりの道を1周するのにかかる時間は何分何秒ですか。

〔　　　　　〕

4 みわこさんとひかりさんは，学校を同時に出発し，1500mはなれた公園に向かいました。みわこさんは自転車で向かい，15分で着きました。ひかりさんは，はじめは歩き，とちゅうからバスに乗ったので，11分で着きました。ひかりさんの歩く速さは毎分75mです。右のグラフは，2人が公園に着くまでのようすを表したものです。

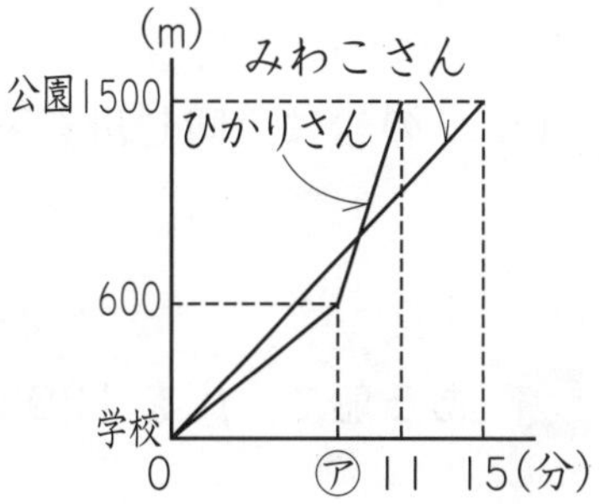

(28点/1つ7点)〔三輪田学園中〕

(1) みわこさんの進む速さは毎分何mですか。

〔　　　　　〕

(2) ㋐にあてはまる数を求めなさい。

〔　　　　　〕

(3) バスの速さは毎分何mですか。

〔　　　　　〕

(4) ひかりさんがみわこさんを追いこすのは，2人が出発してから何分後ですか。

〔　　　　　〕

17 流水算

ステップ 1・2

時間 30分　合格 80点　得点　　点

1 流れの速さが時速 3km の川を，ある船が，川上《かわかみ》の A 地点から 36km はなれた川下《かわしも》の B 地点まで下るのに 2 時間かかります。（24 点 /1 つ 8 点）

(1) 船の下りの速さは時速何 km ですか。

［　　　　　］

(2) 船の静水《せいすい》での速さは時速何 km ですか。

［　　　　　］

(3) この船は，同じ川を B 地点から A 地点まで上るのに何時間かかりますか。

［　　　　　］

2 ある船で，川を 120km 上るのに 10 時間，下るのに 6 時間かかりました。（32 点 /1 つ 8 点）

(1) 上りの速さ，下りの速さはそれぞれ時速何 km ですか。

上り［　　　　　］　下り［　　　　　］

(2) 船の静水での速さは時速何 km ですか。

［　　　　　］

(3) 川の流れの速さは時速何 km ですか。

［　　　　　］

(4) もし，川の流れの速さが 2 倍になったとすると，この船で川を 120km 往復《おうふく》するのに何時間かかりますか。

［　　　　　］

3 静水での速さが同じである2つの船が，川の上流のA町と下流のB町を同時に出発して向かいあって進みました。グラフはそのときのようすを表したものです。(20点/1つ10点)

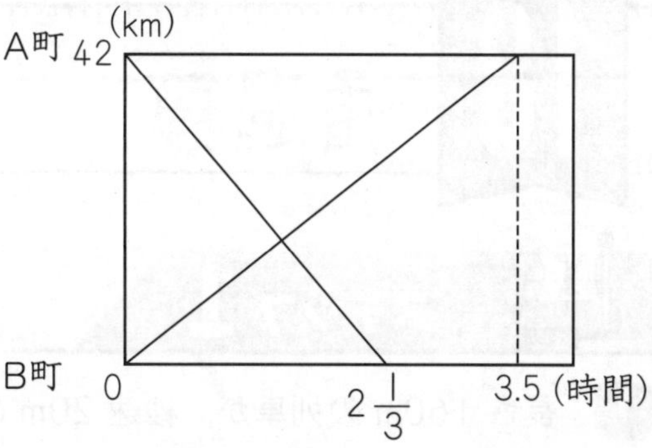

(1) 船の静水での速さは時速何kmですか。

〔　　　　〕

(2) 2つの船が出会うのは，A町から何kmのところですか。

〔　　　　〕

4 船Aが川の上流P地点を出発し，P地点から4800m下流のQ地点の間を往《おう》復《ふく》します。また，船Bは下流のQ地点を出発し，上流のP地点の間を往復します。船A，Bの速さはともに静水で分速80mであり，川の流れの速さは分速20mです。ただし，船AはQ地点にとう着後12分間とまっていますが，船BはP地点にとう着後，すぐに引き返すものとします。船A，Bが同時にP，Qを出発したとき，次の問いに答えなさい。(24点/1つ8点) 〔開明中〕

(1) 船A，Bがはじめて出会うのは，出発してから何分後ですか。

〔　　　　〕

(2) 船BがP地点にとう着したとき，船AはQ地点から何mのところを進んでいますか。

〔　　　　〕

(3) 船A，Bが2回目に出会うのは，出発してから何分何秒後ですか。

〔　　　　〕

確認しよう　流水算では，「下りの速さ」「上りの速さ」「船の静水での速さ」「川の流れの速さ」の関係をつかむことが大切です。また，2つの船が向かいあって進むときの速さの和は，2つの船の静水での速さの和になります。

月　日　答え ➡ 別さつ26ページ

18 通過算《つうかざん》

ステップ 1

1 長さ 160m の列車が，秒速 20m の速さで長さ 800m のトンネルを通過《つうか》します。

(1) 列車の先頭がトンネルの入り口にさしかかってから，列車がトンネルから完全に出るまでに，列車は何 m 進みますか。

〔　　　　〕

(2) 列車がトンネルを通過するのにかかる時間は何秒ですか。

〔　　　　〕

2 長さ 160m で時速 72km で走る列車 A と，長さ 140m で時速 108km で走る列車 B があります。

(1) 列車 A と列車 B がすれちがうとき，列車 A に乗っている人から見ると，列車 B は秒速何 m で目の前を通過しますか。

〔　　　　〕

(2) 列車 B が列車 A を追いぬいていくとき，列車 A に乗っている人から見ると，列車 B は秒速何 m で目の前を通過しますか。

〔　　　　〕

(3) 列車 A と列車 B が反対方向に走っているとき，先頭どうしがすれちがってから最後尾《さいこうび》がはなれるまで何秒かかりますか。

〔　　　　〕

(4) 列車 B が列車 A を追いこすとき，列車 B の先頭が追いついてから完全に追いこすのに何秒かかりますか。

〔　　　　〕

3 長さ 180m の電車が電柱の前を通り過《す》ぎるのに 12 秒かかりました。 〔浪速中〕

(1) この電車の速さは時速何 km ですか。

〔　　　　〕

(2) この電車が，長さ 600m のトンネルを完全に通りぬけるのは，トンネルに入り始めてから何秒かかりますか。

〔　　　　〕

4 車両の長さがともに 405m の新幹線《しんかんせん》A と新幹線 B が，長さ 5.4km のトンネルの両はしから同時に入り，トンネルの中ですれちがいました。新幹線 A の速さは時速 216km で，すれちがっていた時間は 6 秒でした。 〔法政大中〕

(1) 新幹線 B は時速何 km で走っていましたか。

〔　　　　〕

(2) 新幹線 B がトンネルに入り始めてから完全に出るまでにかかった時間は何秒でしたか。

〔　　　　〕

5 A さんは線路にそった道を分速 90m で歩いています。このとき，次の問いに答えなさい。ただし，A さんの体の大きさは考えないものとします。 〔同志社国際中〕

(1) 長さ 144m の列車が時速 59.4km で A さんの前からやってきました。この列車が A さんの横を通り過ぎるのに何秒かかりますか。

〔　　　　〕

(2) 同じ長さの列車が A さんの後ろからやってきて，A さんを 9 秒かかって追いこしました。この列車の速さは時速何 km ですか。

〔　　　　〕

確認しよう

2 つの列車がすれちがうのにかかる時間は（列車の長さの和）÷（列車の速さの和）
列車が列車を追いこすのにかかる時間は（列車の長さの和）÷（列車の速さの差）
で求めることができます。

月　日　答え ➡ 別さつ27ページ

ステップ 2

時間 30分
合格 80点
得点　　点

1 次の問いに答えなさい。(32点/1つ8点)

(1) 長さ180mの列車が時速54kmで走っています。この列車が橋を通過《つうか》するのに2分10秒かかりました。橋の長さは何mですか。〔清教学園中〕

〔　　　　　〕

(2) 長さ160mの列車が，長さ4340mの鉄橋をわたり始めてからわたり終わるまでに180秒かかりました。この列車の速さは分速何mですか。〔和歌山信愛中〕

〔　　　　　〕

(3) 長さ120m，秒速18mのふつう列車と，秒速24mの特急列車が，出会ってからはなれるまでに7秒かかります。特急列車の長さは何mですか。

〔公文国際学園中〕

〔　　　　　〕

(4) 時速70kmで走る電車が，時速40kmで走る貨物列車に追いついてから追いこすまでに1分3秒かかりました。貨物列車が電車より105m長いとき，電車の長さは何mですか。〔森村学園中〕

〔　　　　　〕

2 ある電車が，長さ240mの鉄橋をわたり始めてから，わたり終わるまでに28秒かかります。この列車が，同じ速さで長さ1068mの鉄橋をわたり始めてから，わたり終わるまでに1分40秒かかります。(16点/1つ8点)〔桐朋中〕

(1) この列車の速さは毎秒何mですか。

〔　　　　　〕

(2) この列車の長さは何mですか。

〔　　　　　〕

3 ある列車がふみきりで立っている人の前を通過するのに 10 秒かかり，長さ 1000m のトンネルに入り始めてからで終わるまでに 1 分かかります。

(24 点 /1 つ 8 点)〔東海大付属大阪仰星中〕

(1) この列車の速さは秒速何 m ですか。

〔　　　　〕

(2) この列車の長さは何 m ですか。

〔　　　　〕

(3) この列車は，反対方向から時速 108km で走る急行列車とすれちがい始めてからすれちがい終わるまでに 9 秒かかりました。急行列車の長さは何 m ですか。

〔　　　　〕

4 長さ 180m の列車が 1500m のトンネルに完全に入っている時間は 1 分 6 秒でした。この列車が 3000m のトンネルに完全に入っている時間は何分何秒ですか。ただし，列車はつねに同じ速さで走っているものとします。(10 点)〔帝塚山中〕

〔　　　　〕

5 電柱の前を 16 秒で通り過《す》ぎた列車が，長さ 1742m のトンネルに入ります。先頭がトンネルに入ってから，列車の長さの半分がトンネルを出るまでに 1 分 15 秒かかりました。(18 点 /1 つ 9 点)〔神奈川大学附中〕

(1) この列車の速さは秒速何 m ですか。

〔　　　　〕

(2) この列車の長さは何 m ですか。

〔　　　　〕

月　日　答え ➡ 別さつ28ページ

19 時計算

ステップ 1·2

時間 30分　合格 80点　得点　点

1 次のそれぞれの時こくにおいて，時計の長針《ちょうしん》と短針の作る角㋐の大きさは何度になりますか。(18点 /1つ6点)

(1)

(3時30分)

(2)

(8時24分)

(3)

(11時38分)

〔　　　　〕　〔　　　　〕　〔　　　　〕

2 いま，時計の針《はり》が4時ちょうどをさしています。

(36点 /1つ6点)

(1) 時計の長針と短針の作る角㋐の大きさは何度ですか。

〔　　　　〕

(2) 時計の長針と短針はそれぞれ1分間に何度ずつ回りますか。

長針〔　　　　〕　短針〔　　　　〕

(3) 長針と短針が重なるまでの間，角㋐の大きさは1分間に何度ずつ小さくなっていきますか。

〔　　　　〕

(4) 長針と短針が重なる時こくは，4時何分ですか。

〔　　　　〕

(5) 長針と短針の間の角が180度になるのは，4時何分ですか。

〔　　　　〕

3 次の問いに答えなさい。(18 点 /1 つ 6 点)

(1) 2 時と 3 時の間で，時計の長針と短針が重なる時こくを求めなさい。〔神戸国際中〕

〔　　　　　〕

(2) ある日の午前 10 時から午前 11 時の間で時計の長針と短針が重なるのは何時何分何秒ですか。〔関西大中〕

〔　　　　　〕

(3) 2 時から 3 時の間で時計の長針と短針の間の角度が 149 度になる 2 つの時こくのうち，早いほうの時こくを求めなさい。〔桃山学院中〕

〔　　　　　〕

4 3 時から 4 時までの間で，時計の長針と短針について，次の問いに答えなさい。

(28 点 /1 つ 7 点)〔報徳学園中〕

(1) 3 時ちょうどのとき，長針と短針の間の角(小さいほう)は何度ですか。

〔　　　　　〕

(2) 長針と短針が重なる時こくを求めなさい。

〔　　　　　〕

(3) 長針と短針が一直線になって，反対方向をさす時こくを求めなさい。

〔　　　　　〕

(4) 長針と短針の間の角が，2 度目に直角になる時こくを求めなさい。

〔　　　　　〕

確認しよう

長針は 1 分間に 6 度，短針が 1 分間に 0.5 度，同じ方向に動きます。したがって，時計算は「長針と短針の旅人算」であるといえます。また，答えが分数になりやすいので，計算まちがいに注意しましょう。

ステップ 3

月　日　答え ➡ 別さつ29ページ

時間 30分　合格 80点　得点　点

1 妹は家から 1920m はなれた図書館へ分速 80m で歩いて向かい，図書館で 20 分過《す》ごした後，同じ速さで家に帰りました。姉は妹が家を出てから 40 分後に，自転車で同じ図書館へ分速 240m で向かったところ，とちゅうで妹と会いました。(24 点 /1 つ 8 点)　〔トキワ松学園中〕

(1) 妹が図書館に着いたのは，家を出てから何分後ですか。

〔　　　　〕

(2) 妹が図書館を出たとき，姉は家から何 m のところにいましたか。

〔　　　　〕

(3) 姉が妹と出会ったのは，姉が家を出てから何分後ですか。

〔　　　　〕

2 秒速 20m の電車が鉄橋をわたり始めてから，25 秒後に電車の先頭が鉄橋の長さの $\frac{5}{8}$ のところまで来ました。それから 20 秒後に，鉄橋をわたり終えました。(14 点 /1 つ 7 点)　〔大宮開成中〕

(1) 鉄橋の長さは何 m ですか。

〔　　　　〕

(2) 列車の長さは何 m ですか。

〔　　　　〕

3 1 周 100m のトラックを，1 周目は走り，2 周目は歩き，3 周目は走り，……というように交互《こうご》にくり返します。走る速さは毎分 150m で，このトラックを 11 周するのに全部で 16 分 30 秒かかりました。(14 点 /1 つ 7 点)　〔三輪田学園中〕

(1) 走った時間は全部で何分ですか。

〔　　　　〕

(2) 歩く速さは毎分何 m ですか。

〔　　　　〕

4 ある日の午前６時から午後６時まで，時計を観察しました。（24点 /1つ８点）

(1) 長針《ちょうしん》は短針に何回追いつきましたか。〔足立学園中〕

〔　　　　　〕

(2) 長針と短針が直角になるのは何回ですか。

〔　　　　　〕

(3) ６時から７時の間で，長針と短針が重なるのは６時何分何秒ですか。秒の単位の小数第１位を四捨五入《ししゃごにゅう》して答えなさい。

〔　　　　　〕

5 A市とB市は川にそって60kmはなれています。(ア)の船はA市を出発し，とちゅうのC町で10分間とまってから船の速さを変えてB市に向かいました。(イ)の船はB市を出発し，とちゅうのD町で10分間とまってから船の速さを変えないでA市に向かいました。ただし，出発時の２そうの船の静水時《せいすいじ》の速さは等しいものとします。下のグラフは，２そうの船の航行《こうこう》のようすを表したものです。（24点 /1つ８点）〔和歌山信愛女子短大附中〕

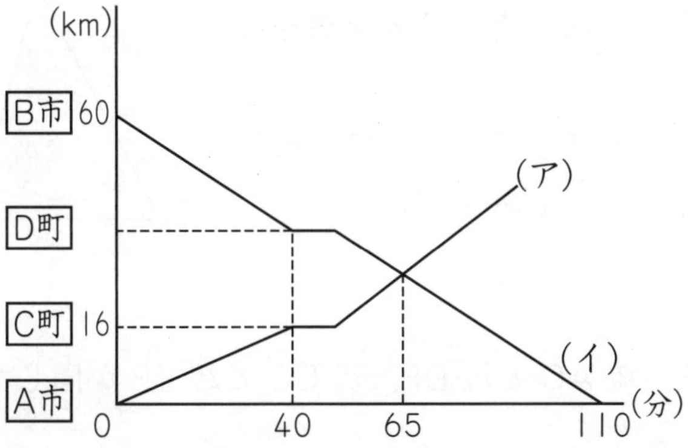

(1) A市とB市のうち，どちらが川上《かわかみ》にありますか。

〔　　　　　〕

(2) この川の流れの速さは毎時何kmですか。

〔　　　　　〕

(3) (ア)の船がC町を出発してからの静水時の速さは毎時何kmですか。

〔　　　　　〕

20 合同な図形

ステップ1

1 右の㋐と㋑の四角形は合同です。

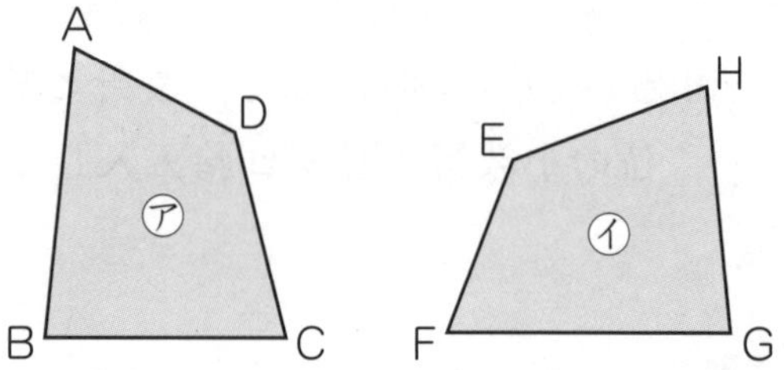

(1) 頂点《ちょうてん》Aに対応《たいおう》する頂点はどれですか。

〔　　　　　〕

(2) 辺GHに対応する辺はどれですか。

〔　　　　　〕

(3) 角Dに対応する角はどれですか。

〔　　　　　〕

2 右の㋐と㋑の三角形が合同であるといえる場合は○を，そうでない場合は×を書きなさい。

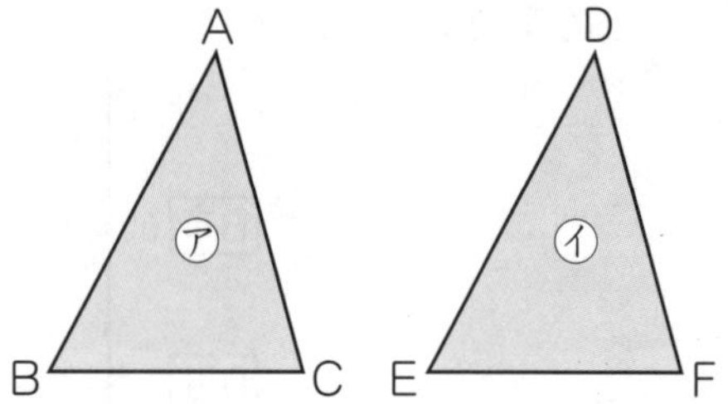

(1) ㋐の三角形のまわりの長さと，㋑の三角形のまわりの長さが同じである。

〔　　　　　〕

(2) 辺ABと辺DE，辺ACと辺DF，辺BCと辺EFが同じ長さである。

〔　　　　　〕

(3) 辺ABと辺DE，辺ACと辺DFが同じ長さで，角Bと角Eが同じ大きさである。

〔　　　　　〕

(4) 角Aと角D，角Bと角E，角Cと角Fが同じ大きさである。

〔　　　　　〕

(5) 辺BCと辺EFが同じ長さで，角Bと角E，角Cと角Fが同じ大きさである。

〔　　　　　〕

3 次の三角形と合同な三角形をかきなさい。

(1)

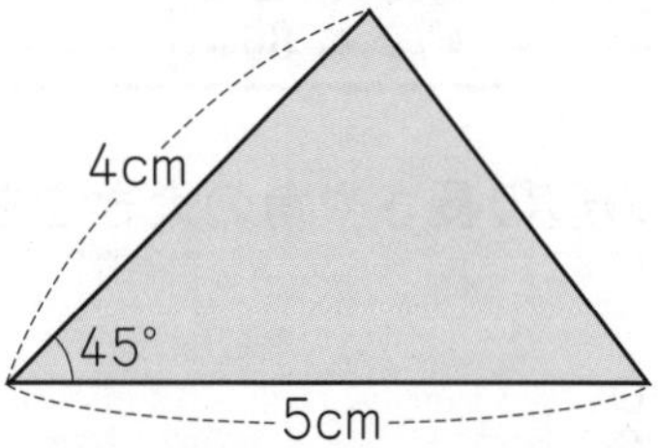

(2) 二等辺三角形

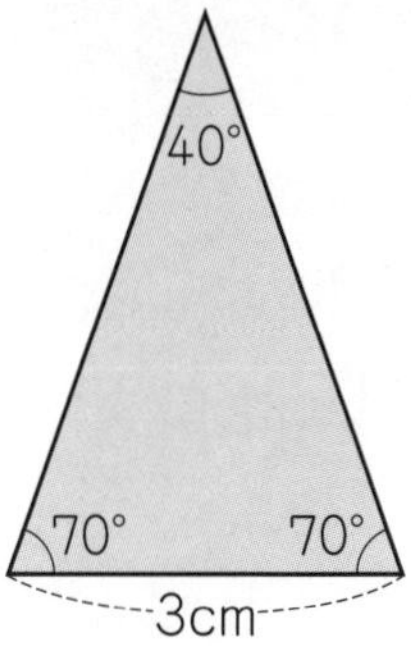

4 次の三角形をかきなさい。

(1) 3つの辺の長さが，3cm，4cm，6cmの三角形

(2) 1つの辺の長さが5cmで，その両はしの角の大きさが，それぞれ40°と60°の三角形

確認しよう

2つの合同な図形では，図形をまわしたり，うら返したりして，ぴったり重なり合う頂点を見つけます。ぴったり重なり合う頂点のことを「対応する頂点」といいます。対応する頂点をもとにして，対応する辺や角を見つけます。

月　日　答え ➡ 別さつ30ページ

ステップ 2

時間 30分　合格 80点　得点　点

1 下の㋐と㋑の三角形は合同です。このとき，次の辺の長さや角の大きさを求めなさい。(20点/1つ5点)

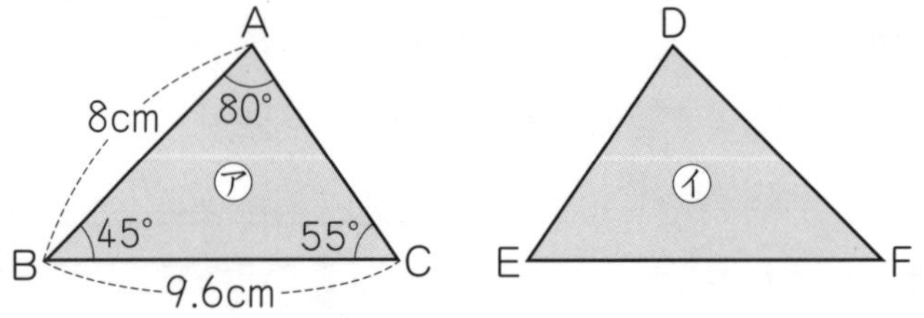

(1) 辺DFの長さ　〔　　　〕

(2) 辺EFの長さ　〔　　　〕

(3) 角Dの大きさ　〔　　　〕

(4) 角Fの大きさ　〔　　　〕

2 次のア～カの6つの三角形の中から，合同な三角形の組を2組見つけなさい。また，それぞれ合同になる理由も書きなさい。(16点/1つ8点)

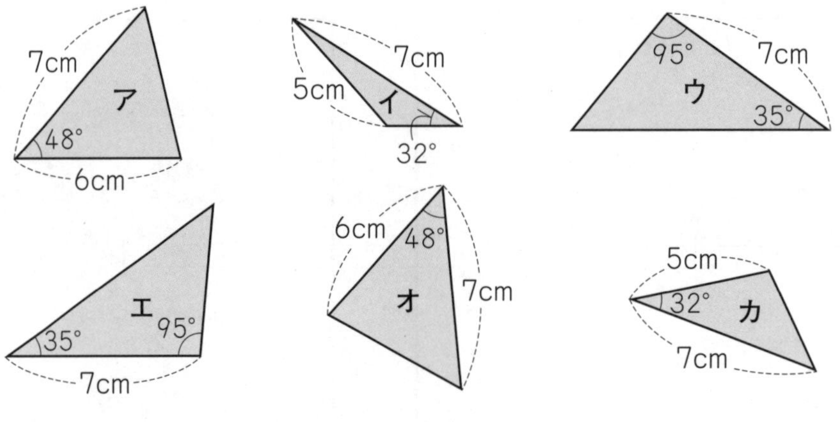

組〔　　　〕 理由〔　　　〕

組〔　　　〕 理由〔　　　〕

3 次のことがらが正しければ○，まちがっていれば×を書きなさい。(24点/1つ6点)

(1) [　　] 3つの角の大きさがそれぞれ等しい2つの三角形は合同です。

(2) [　　] 合同な2つの長方形は同じ面積です。

(3) [　　] 面積が等しい2つの長方形は合同です。

(4) [　　] 2つの合同な三角形の対応《たいおう》する角の大きさはすべて同じです。

4 右の図のように，2つの四角形ABCDとPQRSがあります。次の(1)〜(4)のうち，この2つの四角形が合同であるといえるものには○，いえないものには×を書きなさい。(24点/1つ6点)

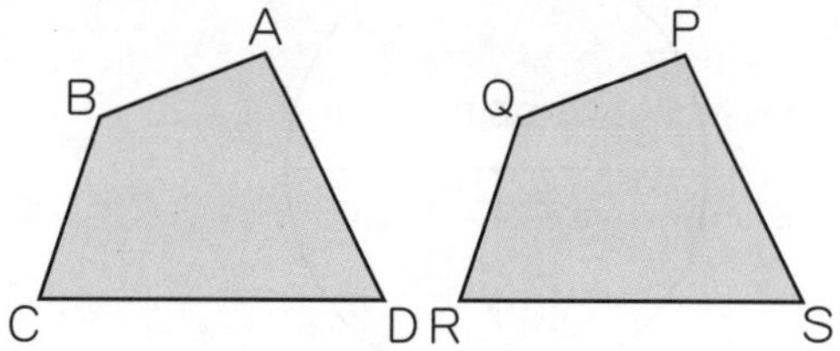

(1) [　　] AB＝PQ，BC＝QR，CD＝RS，DA＝SPのとき

(2) [　　] AB＝PQ，CD＝RS，角B＝角Q，角D＝角Sのとき

(3) [　　] AB＝PQ，BC＝QR，角A＝角P，角C＝角Rのとき

(4) [　　] AB＝PQ，BC＝QR，CD＝RS，DA＝SP，
角C＝角R，角D＝角Sのとき

5 右の図のように，たても横も等しい間かくで15個《こ》の点がうってあります。このうち，3つの点を結んで，㋐や㋑のような三角形を作ります。(16点/1つ8点)

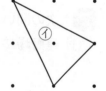

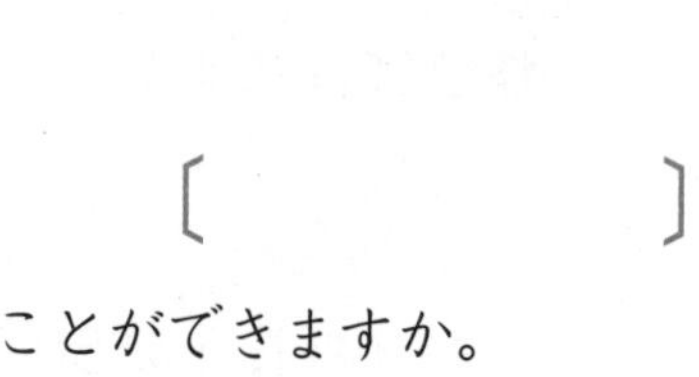

(1) ㋐と合同な三角形は，㋐もふくめて全部で何個かくことができますか。

[　　　　]

(2) ㋑と合同な三角形は，㋑もふくめて全部で何個かくことができますか。

[　　　　]

月　日　答え ➡ 別さつ31ページ

21 円と正多角形

ステップ 1

(円周率《えんしゅうりつ》は 3.14 として計算しなさい。)

1 次の円の円周の長さを求めなさい。

(1)

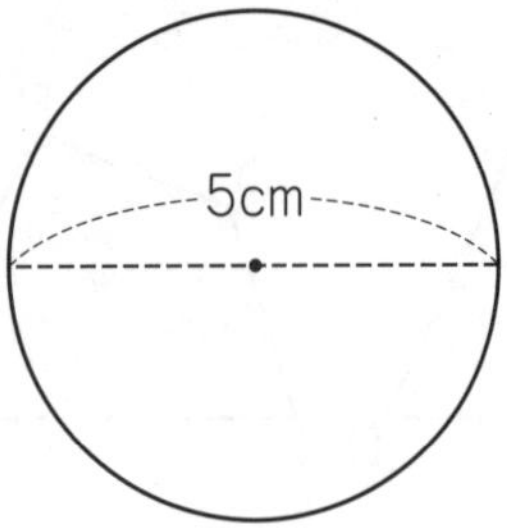

[　　　　　　]

(2)

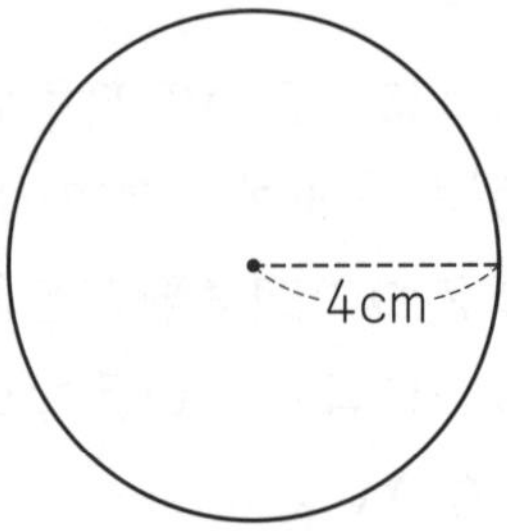

[　　　　　　]

(3)

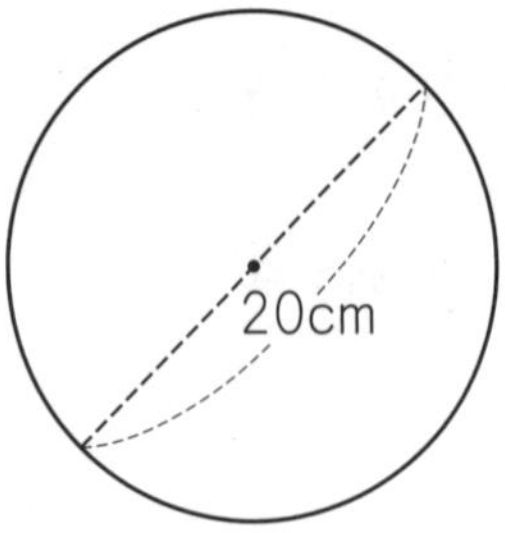

[　　　　　　]

(4)

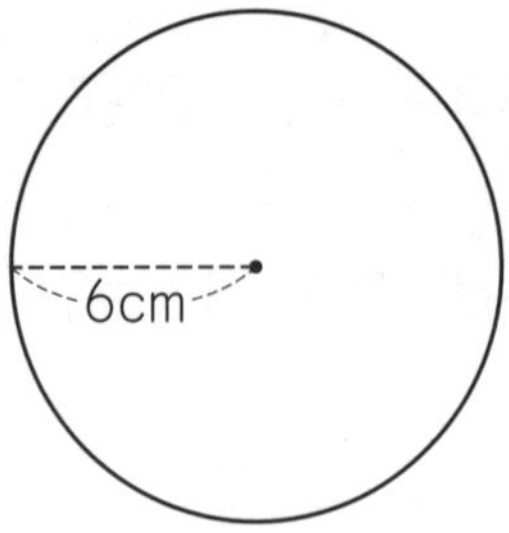

[　　　　　　]

2 次の問いに答えなさい。

(1) 運動場に直径が 15m の円をかきました。この円のまわりの長さは何 m ですか。

[　　　　　　]

(2) 円の形をした池のまわりの長さをはかったら 62.8m ありました。この池の半径は何 m ですか。

[　　　　　　]

(3) まわりの長さが 50.24m の円があります。この円の中にまわりの長さがちょうど半分になる円をかきます。半径を何 m にすればよいですか。

[　　　　　　]

3 右の図のように，円の中に正六角形をかきました。

⑴ ㋐の角度は何度ですか。

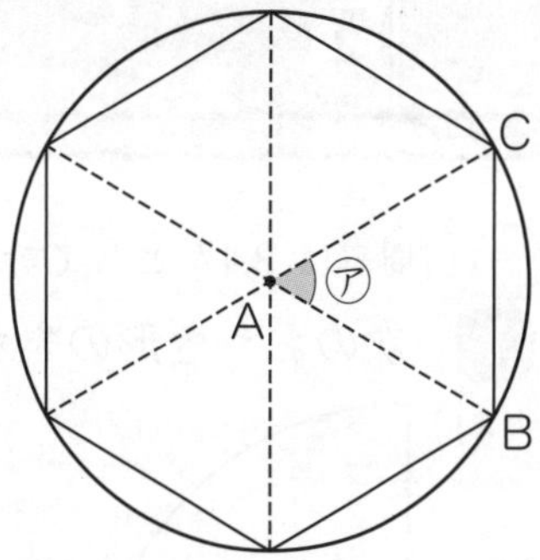

〔　　　　　　〕

⑵ 三角形 ABC は何という三角形ですか。

〔　　　　　　〕

⑶ この正六角形のまわりの長さは 12cm です。円周の長さは何 cm ですか。

〔　　　　　　〕

4 右の図のような正七角形の対角線について考えます。

⑴ 1 つの頂点《ちょうてん》から何本の対角線をひくことができますか。

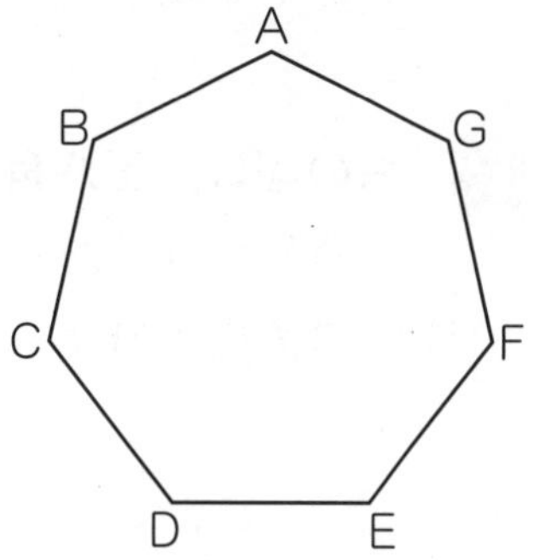

〔　　　　　　〕

⑵ 全部で何本の対角線をひくことができますか。

〔　　　　　　〕

5 右の図のような，半径が 8cm で，中心角が 45° のおうぎ形 OAB があります。

⑴ 曲線 AB の長さは，半径が 8cm の円周の何分の 1 ですか。

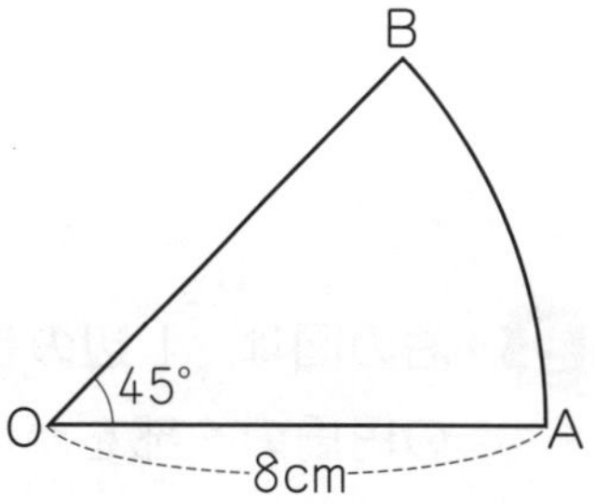

〔　　　　　　〕

⑵ おうぎ形 OAB のまわりの長さは何 cm ですか。

〔　　　　　　〕

確認しよう

どんな大きさの円でも，円周÷直径の商は約 3.14 になります。円周の長さは，円の直径の長さを 3.14 倍して求められます。円の半径の長さがわかっているときは，半径を 2 倍して直径を求めてから，円周の長さを求めます。

月　日 答え ➡ 別さつ32ページ

ステップ 2

時間 30分　合格 80点　得点　点

(円周率《えんしゅうりつ》は 3.14 として計算しなさい。)

1 次のおうぎ形のまわりの長さを求めなさい。(18点 /1つ9点)

(1)

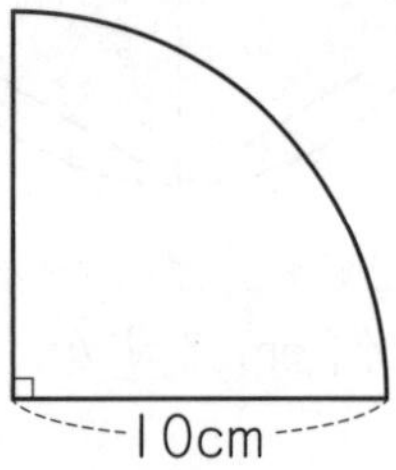

(2)

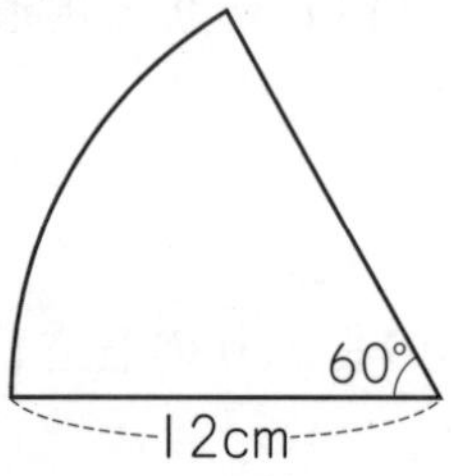

[　　　　] [　　　　]

2 右の図は，正八角形に 4 本の対角線をひいて，8 個《こ》の三角形に分けたものです。(16点 /1つ8点)

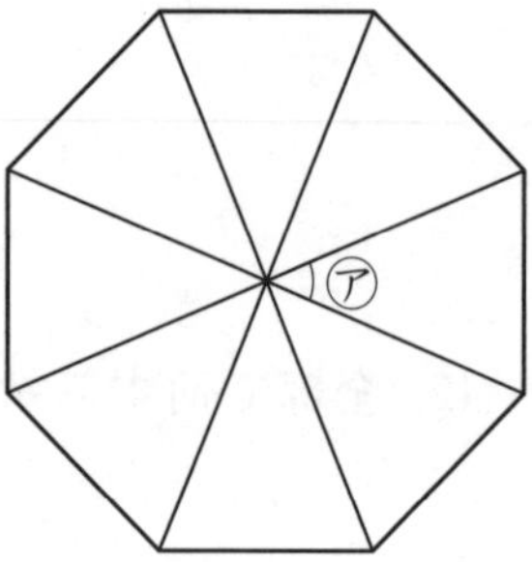

(1) ㋐の角度は何度ですか。

[　　　　]

(2) 正八角形の対角線は全部で何本ひけますか。

[　　　　]

3 右の図は，1 辺の長さが 6cm の正方形の中に，半径 6cm の円周の一部をかいたものです。(16点 /1つ8点)

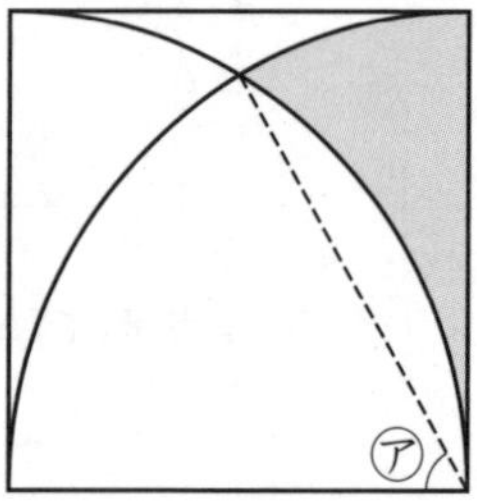

(1) ㋐の角度は何度ですか。

[　　　　]

(2) 色をつけた部分のまわりの長さは何 cm ですか。

[　　　　]

4 次の図で，色のついた部分のまわりの長さを求めなさい。(32点/1つ8点)

(1)

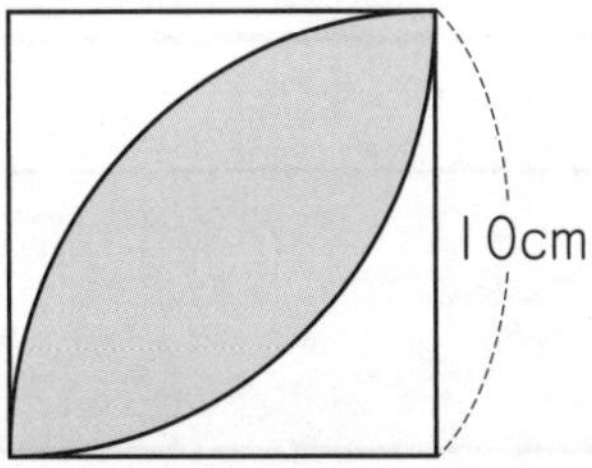

(2)

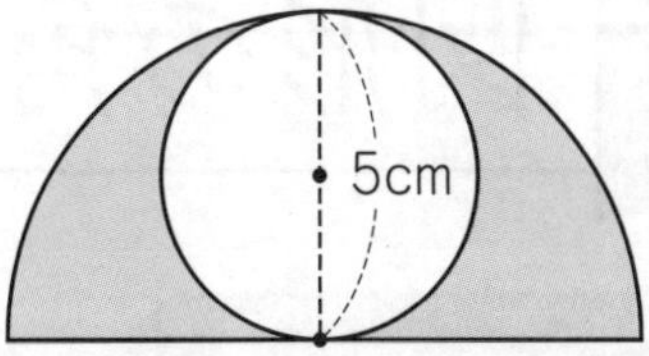

〔　　　　　〕　〔　　　　　〕

(3)

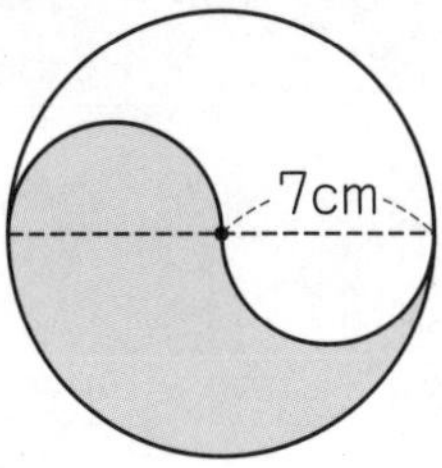

(4)

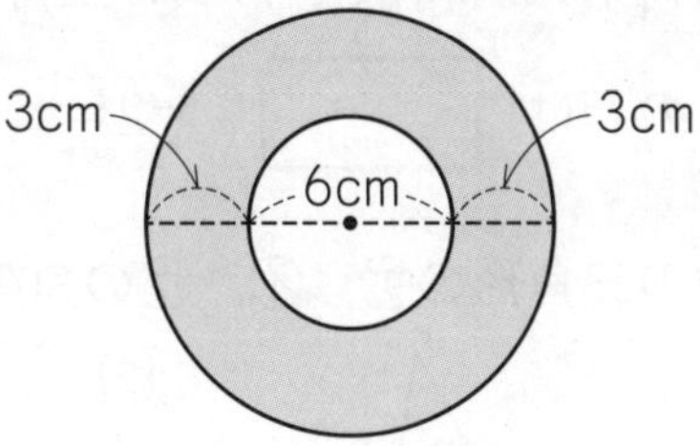

〔　　　　　〕　〔　　　　　〕

5 右の図で，色をつけた図形は正方形と２つの円を組み合わせたものです。この図形のまわりの長さは何cmですか。(9点)

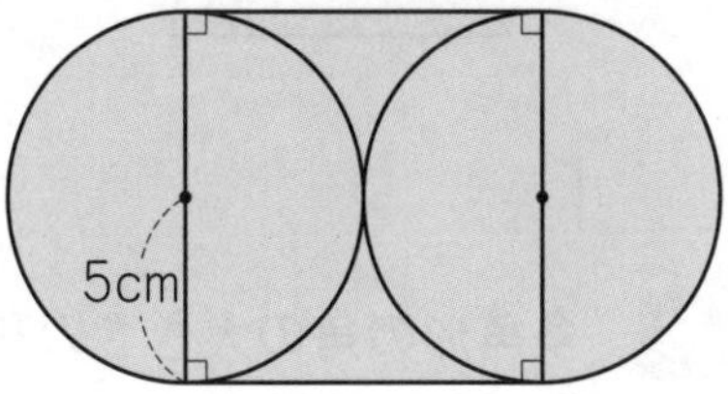

〔　　　　　〕

6 右の図は，半径が4cmの半円と，半径が3cmの半円と，正三角形と，半径が2cmの円の$\frac{1}{4}$の大きさのおうぎ形を組み合わせたものです。このとき，太線の長さは何cmですか。(9点)〔立命館宇治中〕

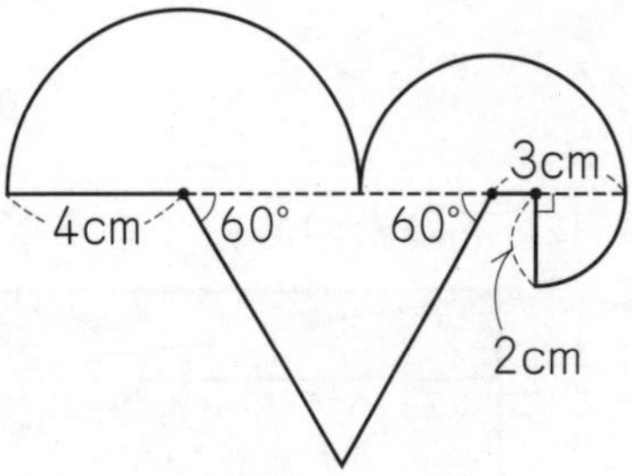

〔　　　　　〕

月　　日　答え ➡ 別さつ33ページ

22 図形の角

ステップ 1

1 次の□にあてはまる数を書きなさい。

(1) 三角形の３つの角の大きさの和は□°です。

(2) 四角形は対角線で２つの三角形に分けられるので，四角形の４つの角の大きさの和は，□°×2＝□°になります。

2 次の三角形の㋐，㋑，㋒の角の大きさを求めなさい。

(1)

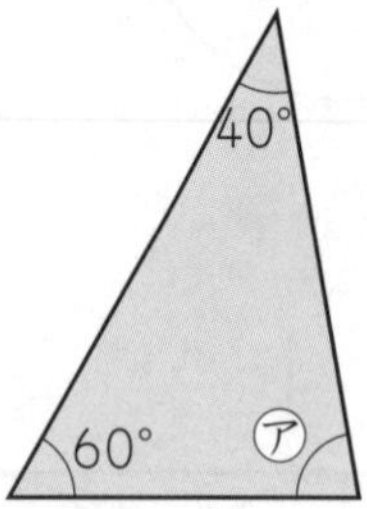

(2)

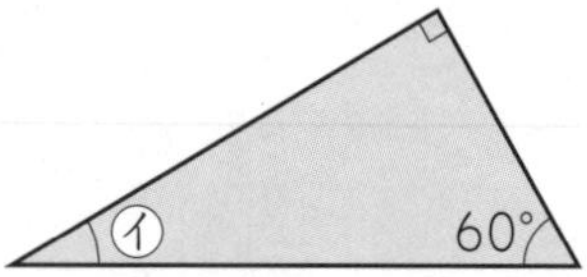

(3)

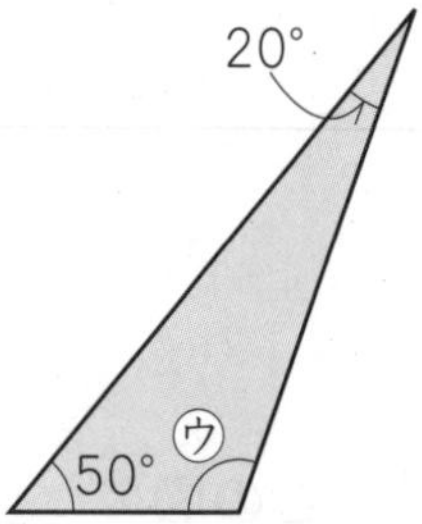

〔　　　　〕　〔　　　　〕　〔　　　　〕

3 多角形の角の大きさの和について，次の問いに答えなさい。

(1) 五角形の１つの頂点《ちょうてん》から対角線をひくと，いくつの三角形に分けられますか。また，五角形の５つの角の大きさの和は何度ですか。

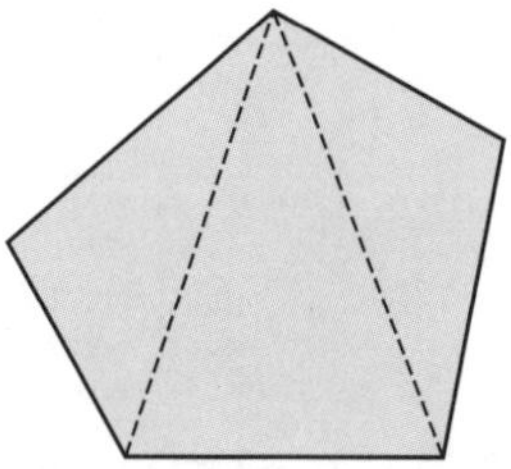

三角形の数〔　　　　〕

角の大きさの和〔　　　　〕

(2) 下の表のあいているところに数を書き入れなさい。

	五角形	六角形	七角形	八角形	九角形
１つの頂点からひける対角線の本数(本)	2				
対角線で分けられる三角形の数(個)	3				
角の大きさの和	540°				

4 次の四角形の㋐，㋑の角の大きさを求めなさい。

(1)

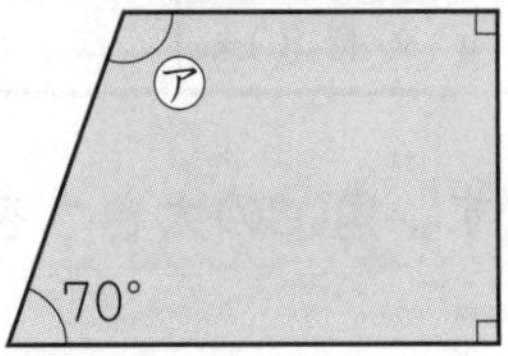

(2)

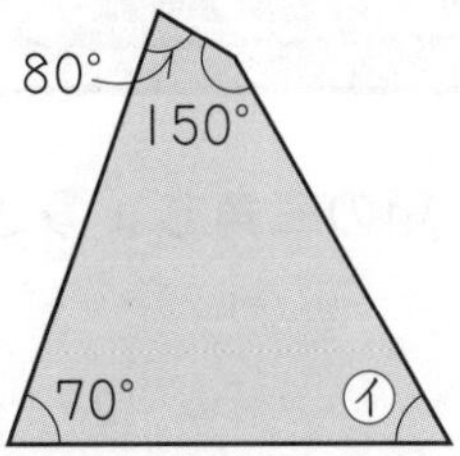

5 次の㋐，㋑，㋒，㋓の角の大きさを求めなさい。

(1)

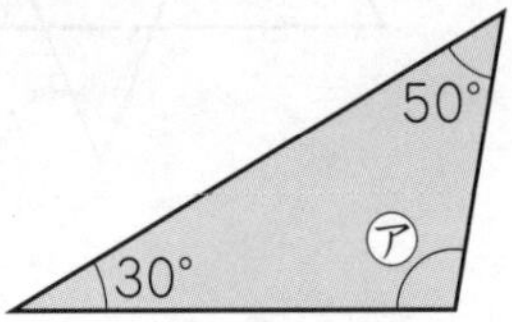

(2)

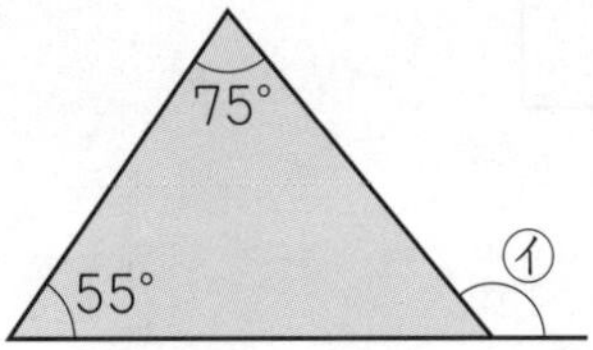

(3)

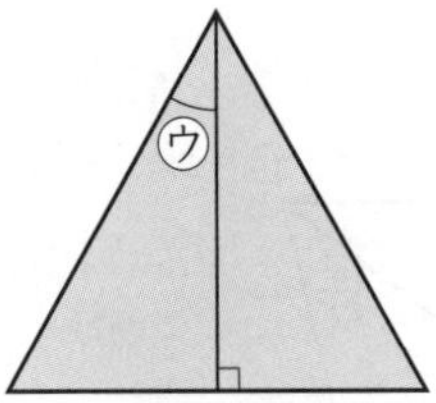

(正三角形)

(4)

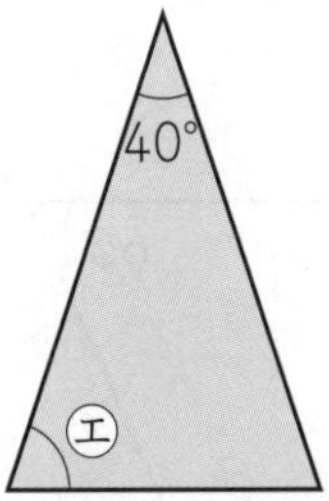

(二等辺三角形)

6 次の㋐，㋑の角の大きさを求めなさい。

(1)

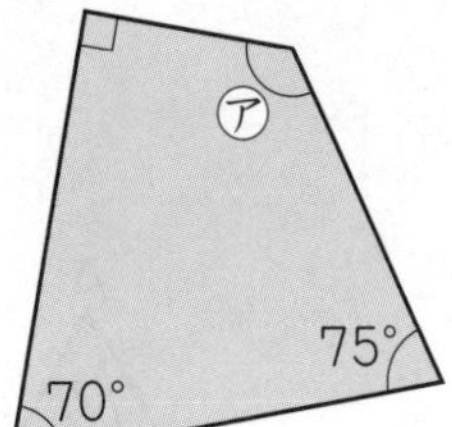

(2)

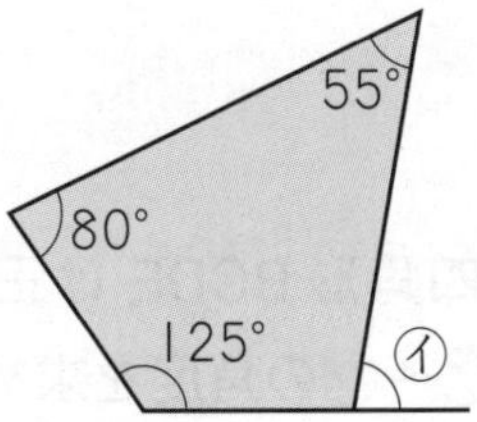

確認しよう

□角形の 1 つの頂点からひける対角線は(□−3)本あり，(□−2)個《こ》の三角形に分けられます。1 つの三角形の内角の和は 180°だから，□角形の角の大きさの和は，180°×(□−2)を計算して求められます。

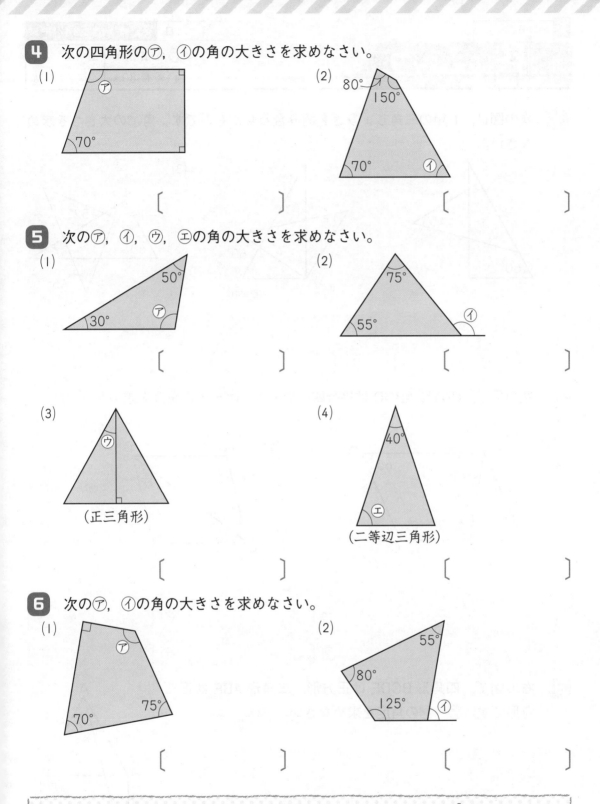

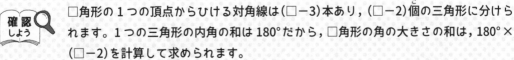

月　　日　答え ➡ 別さつ34ページ

ステップ 2

時間 30分　合格 80点　得点　　点

1 次の図は，１組の三角じょうぎを組み合わせたものです。角㋐の大きさを求めなさい。(18点/1つ6点)

(1)
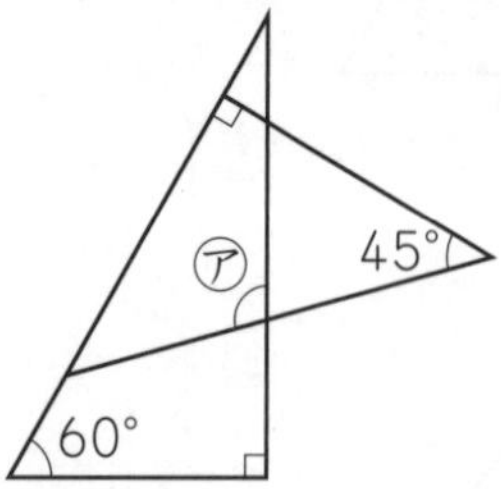

(2)
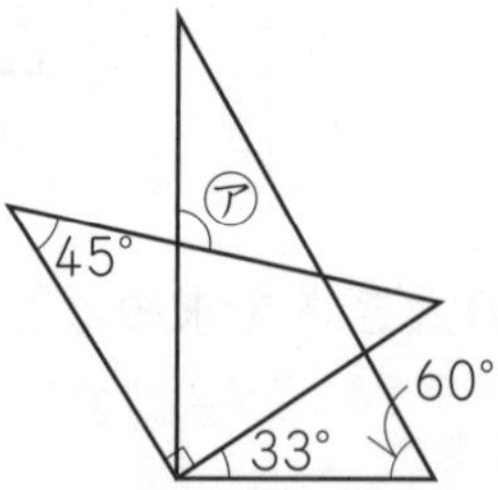

〔甲南中〕

(3)
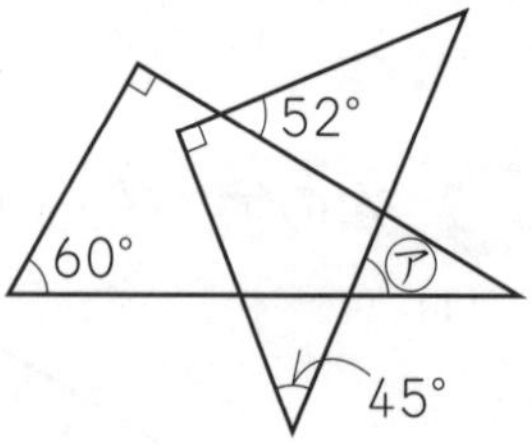

〔　　　　〕　〔　　　　〕　〔　　　　〕

2 次の図で，四角形ABCDは平行四辺形です。㋐～㋓の角度を求めなさい。

(24点/1つ6点)

(1)
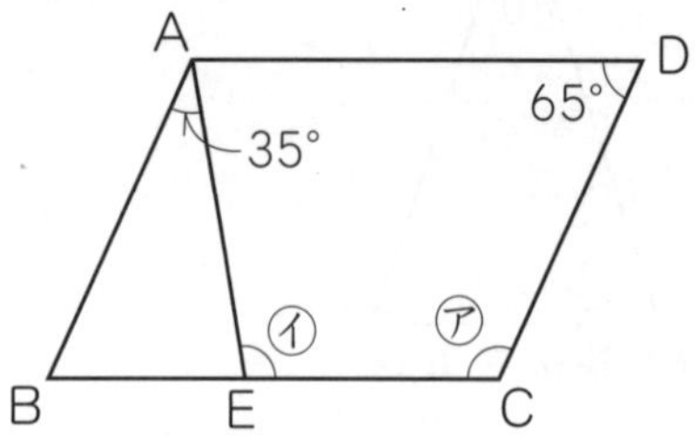

(2)
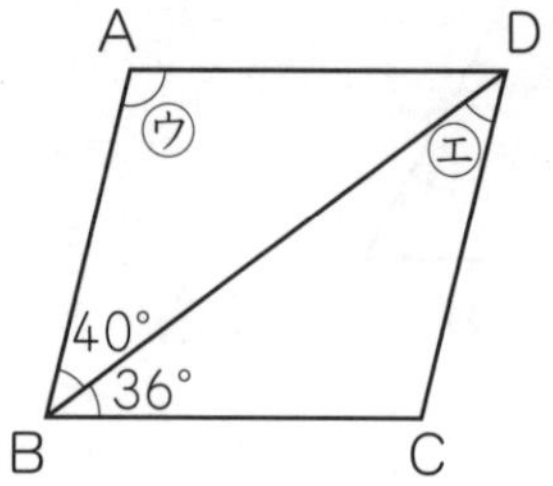

㋐〔　　　　〕　㋑〔　　　　〕

㋒〔　　　　〕　㋓〔　　　　〕

3 右の図で，四角形BCDEは正方形，三角形ABEは正三角形です。㋐～㋒の角度を求めなさい。(18点/1つ6点)

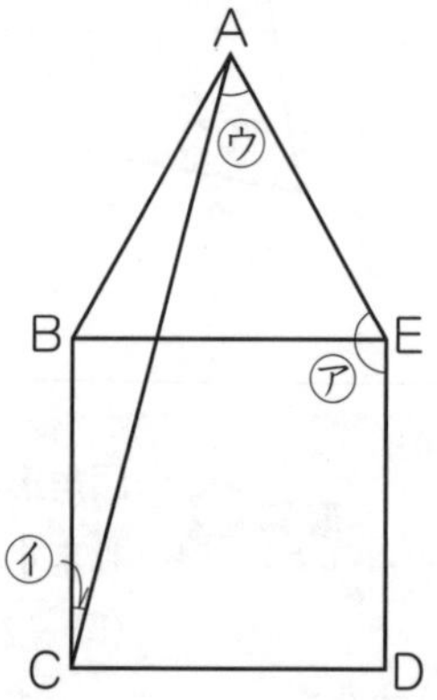

㋐〔　　　　〕　㋑〔　　　　〕

㋒〔　　　　〕

4 右の図で，AB＝AC であるとき，角㋐の大きさは何度ですか。（8 点）

〔田園調布学園中〕

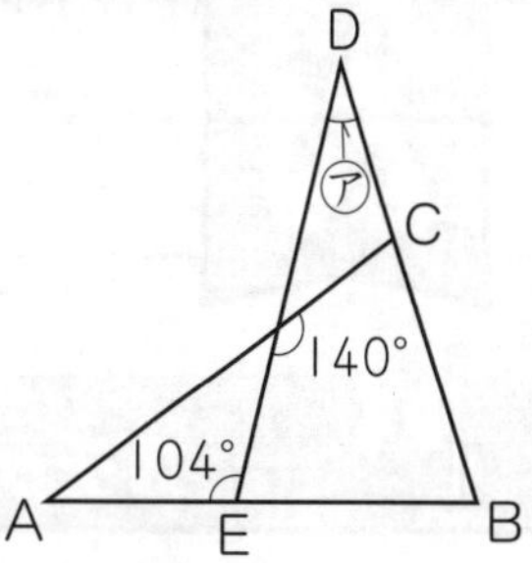

〔　　　　　　　〕

5 右の図のように正方形を折り返したとき，角㋐の大きさは何度ですか。（8 点）

〔城北中〕

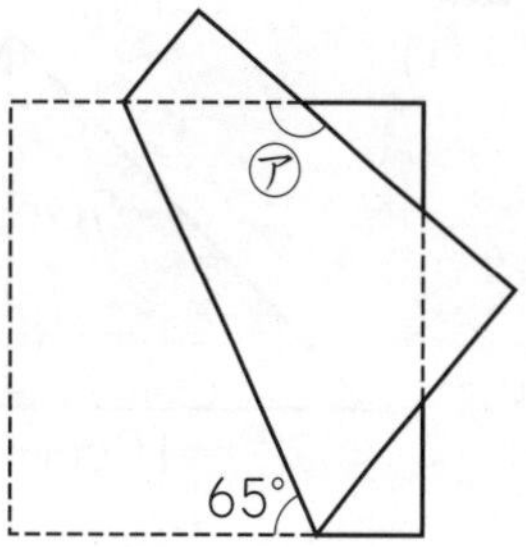

〔　　　　　　　〕

6 右の図で，四角形 ABCD は正方形です。角㋐の大きさを求めなさい。（8 点）

〔山脇学園中〕

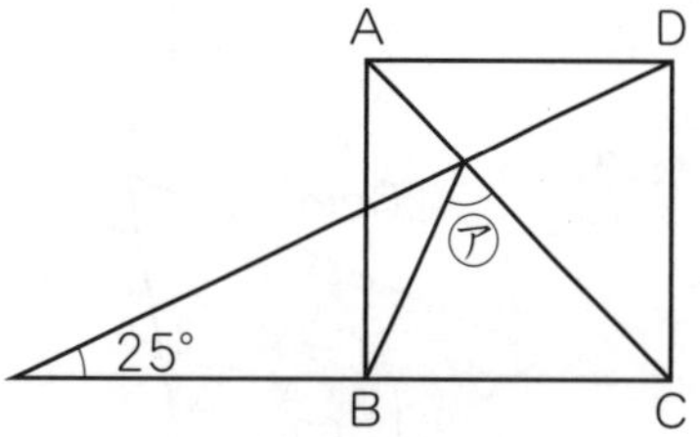

〔　　　　　　　〕

7 右の図のように，角 B と角 C をそれぞれ半分に分ける線が交わるとき，角㋐の大きさを求めなさい。

（8 点）〔京都学園中〕

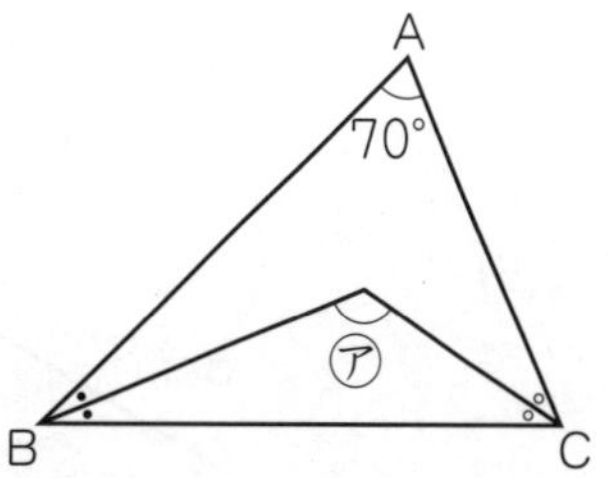

〔　　　　　　　〕

8 ひかるさんは，六角形の 6 つの角の和を求めるために，右の図のような六角形を 6 つの三角形に分けた図で考えました。ひかるさんの考えがわかるような式を書いて，六角形の 6 つの角の和を求めなさい。（8 点）

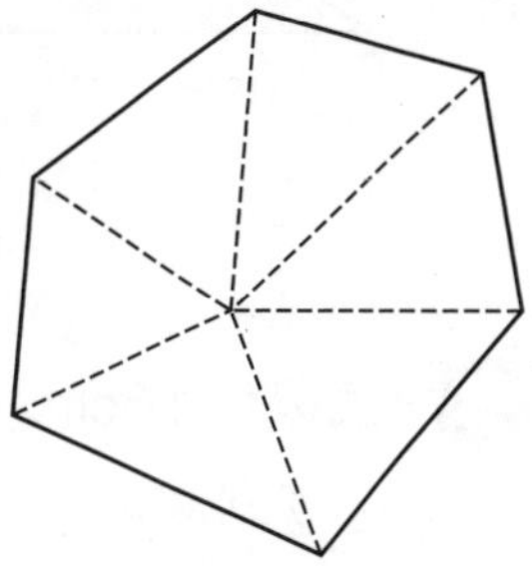

式〔　　　　　　　〕 答え〔　　　　　　　〕

月　　日　答え ➡ 別さつ35ページ

23 三角形の面積

ステップ 1

1 次の三角形の面積を求めなさい。

(1)

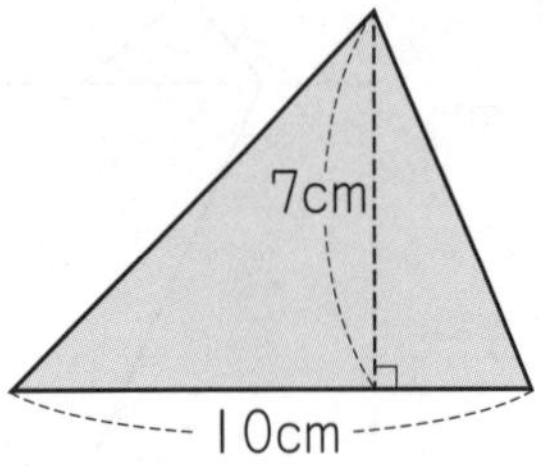

〔　　　　　〕

(2)

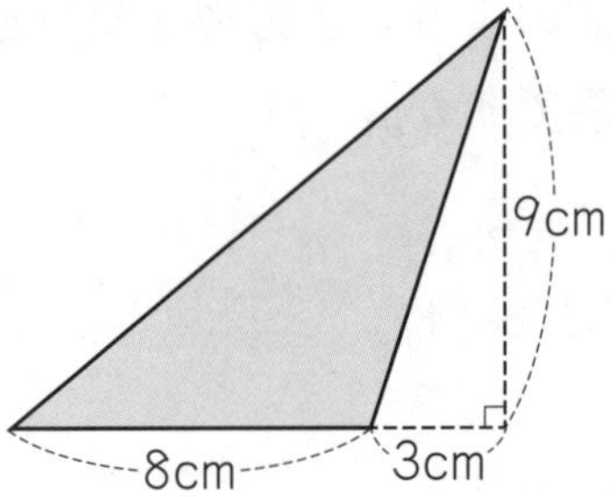

〔　　　　　〕

(3)

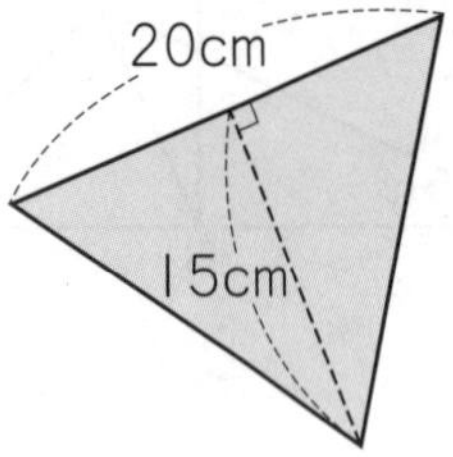

〔　　　　　〕

(4)

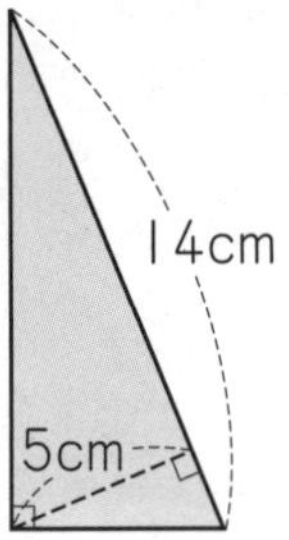

〔　　　　　〕

(5)

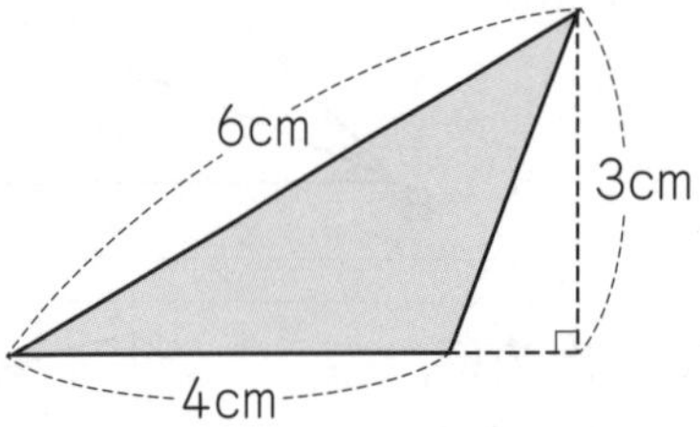

〔　　　　　〕

(6)

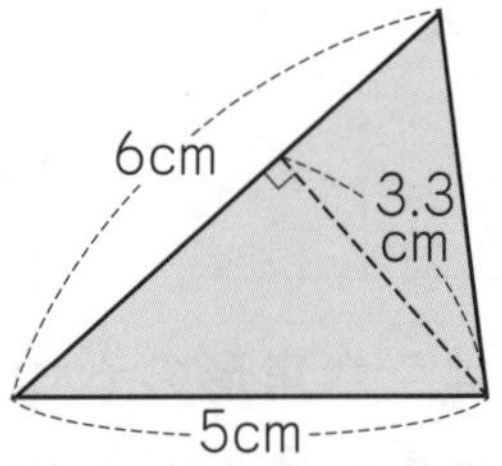

〔　　　　　〕

2 底辺が 16cm，面積が 80cm^2 の三角形があります。この三角形の高さは何 cm ですか。

〔　　　　　〕

3 右の図で，AD の長さは何 cm ですか。〔関西大倉中〕

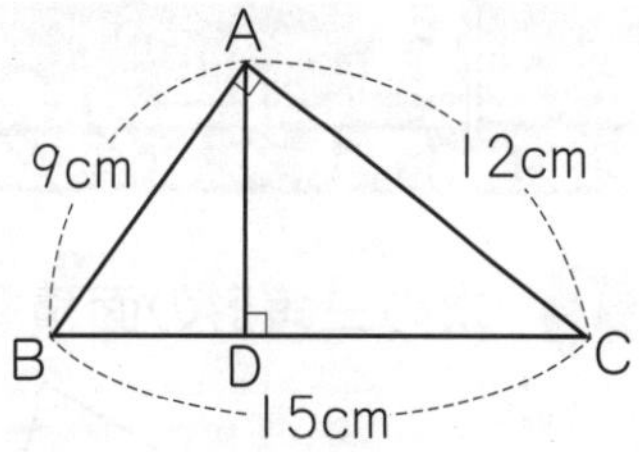

〔　　　　　　〕

4 右の図は１辺１cm の正方形を 25 個《こ》組み合わせた図形です。色のついた部分の面積は何 cm^2 ですか。〔公文国際学園中〕

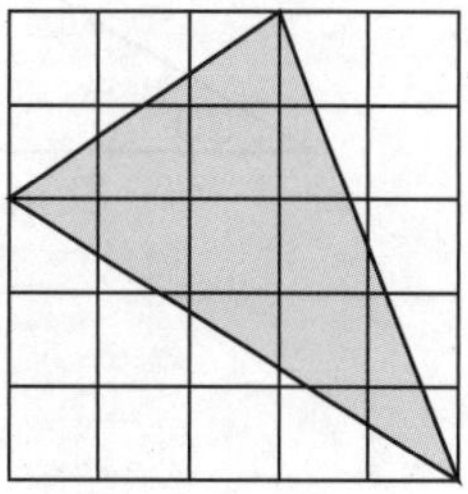

〔　　　　　　〕

5 右の図の色のついた部分の面積を求めなさい。ただし，２つの四角形はどちらも長方形です。〔親和中〕

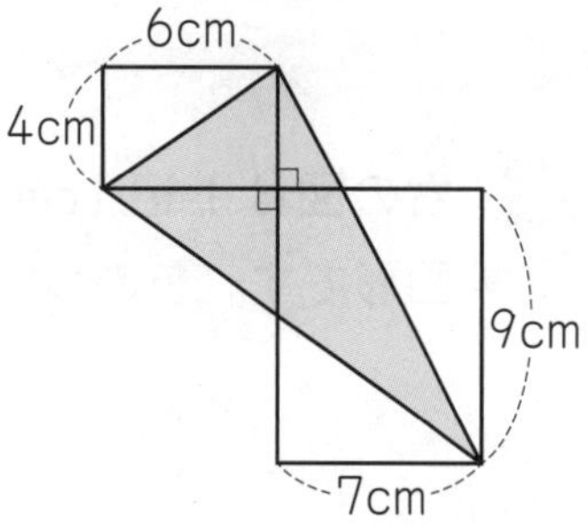

〔　　　　　　〕

6 右の図で，直線アと直線イは平行です。

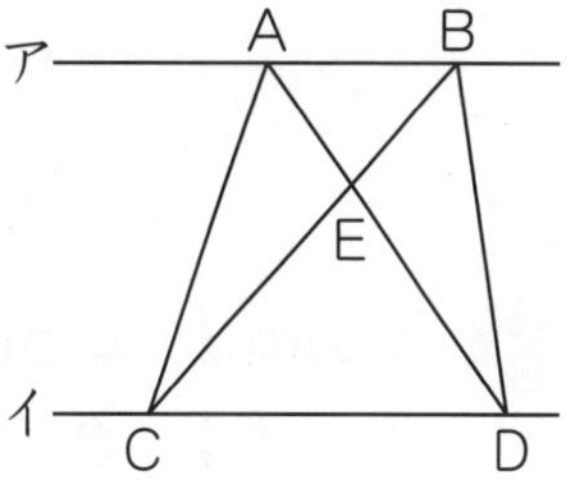

(1) 三角形 ACD と面積が等しい三角形はどれですか。また，面積が等しくなる理由も書きなさい。

答え〔　　　　　　〕 理由〔　　　　　　〕

(2) 三角形 ACE と面積が等しい三角形はどれですか。また，面積が等しくなる理由も書きなさい。

答え〔　　　　　　〕 理由〔　　　　　　〕

確認しよう
三角形の面積を求めるときは，はじめに底辺とみる辺を見つけて，その辺に向かいあった頂点《ちょうてん》から垂直《すいちょく》にひいた直線の長さが高さとなります。また，面積がわかっていて，底辺や高さを求めるときは，求めたい長さを□として，公式にあてはめます。

月　　日　答え ➡ 別さつ36ページ

STEP 2 ステップ 2

時間 30分　合格 80点　得点　　点

1 次の三角形の面積を求めなさい。(20点/1つ10点)

(1)

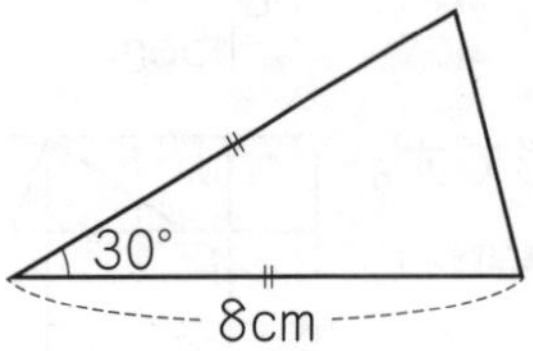

(2)

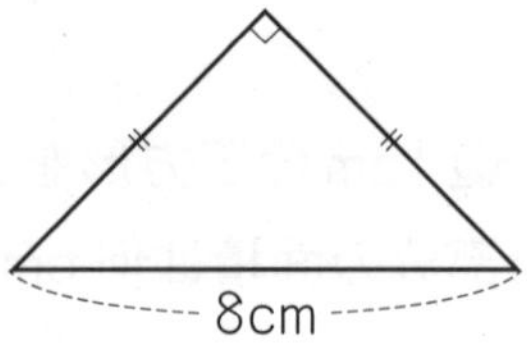

〔　　　　　　〕　〔　　　　　　〕

2 右の図は1辺1cmの正方形を25個《こ》組み合わせた図形です。色のついた部分の面積は何cm^2ですか。

(10点)

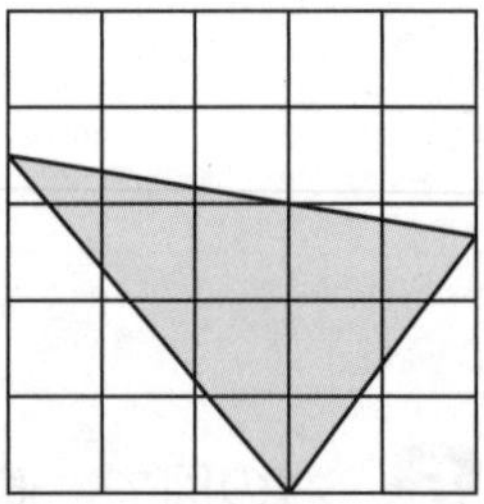

〔　　　　　　〕

3 右の図は，4つの直角二等辺三角形を組み合わせたものです。色のついた部分の面積は何cm^2ですか。

(10点)　〔大阪学芸中〕

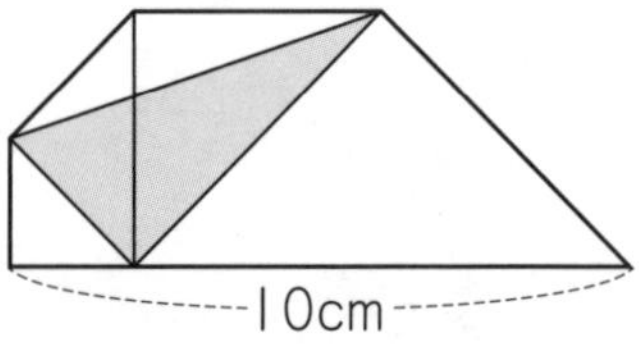

〔　　　　　　〕

4 右の図の四角形ABCDは長方形です。色のついた部分の面積を求めなさい。(10点)　〔北鎌倉女子学園中〕

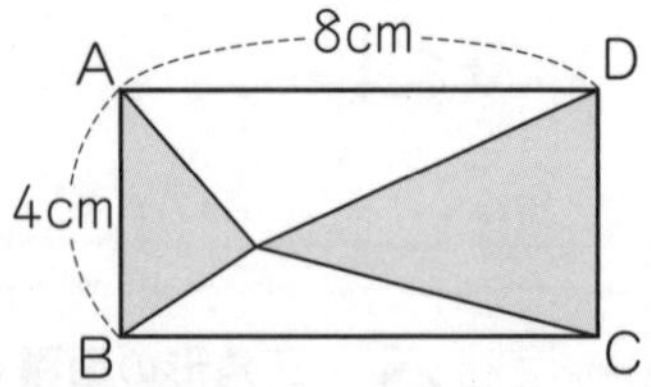

〔　　　　　　〕

5 右の図の色のついた部分の面積は何 cm^2 ですか。(10点) 〔聖学園中〕

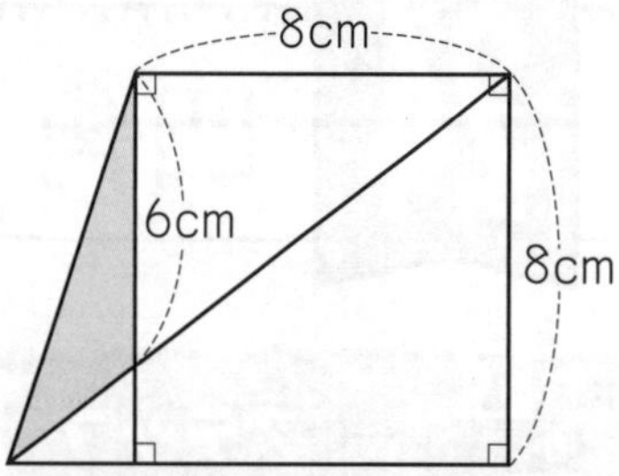

〔　　　　　〕

6 右の図のような長方形において，色のついた部分の面積を求めなさい。(10点) 〔日本大豊山中〕

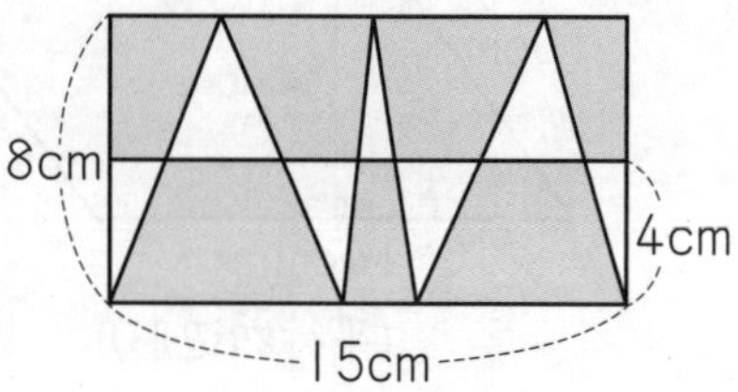

〔　　　　　〕

7 右の図は，長方形ABCDを，対角線BDを折り目として折り返したものです。このとき，三角形DEFの面積を求めなさい。(10点)〔自修館中〕

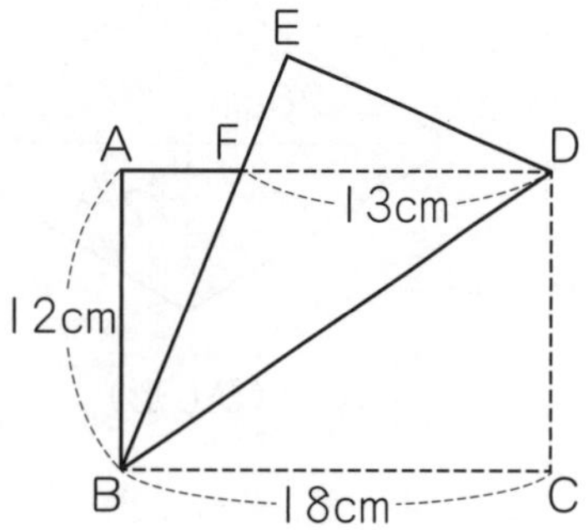

〔　　　　　〕

8 右の図のような，1辺の長さ3cmの正方形があります。各辺を3等分する点をとり，図のように線をひきます。(20点 /1つ10点) 〔京都女子中〕

(1) 角㋐の大きさは何度ですか。

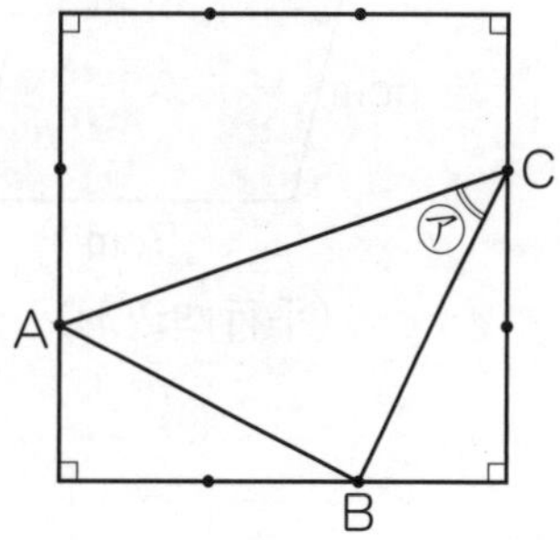

〔　　　　　〕

(2) 三角形ABCの面積は何 cm^2 ですか。

〔　　　　　〕

24 四角形の面積

ステップ 1

1 次の四角形の面積を求めなさい。

(1)

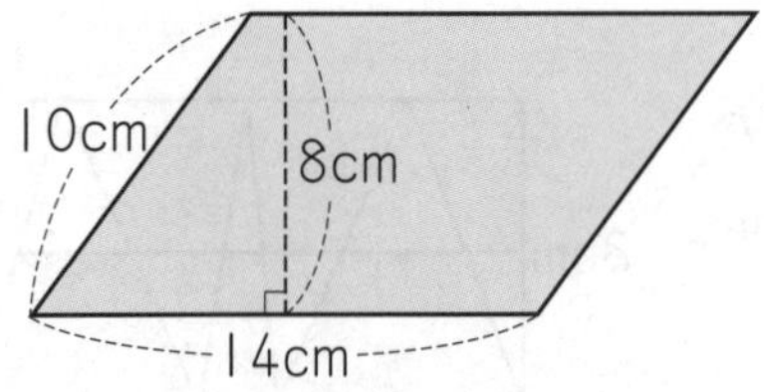

（平行四辺形）

〔　　　　　　〕

(2)

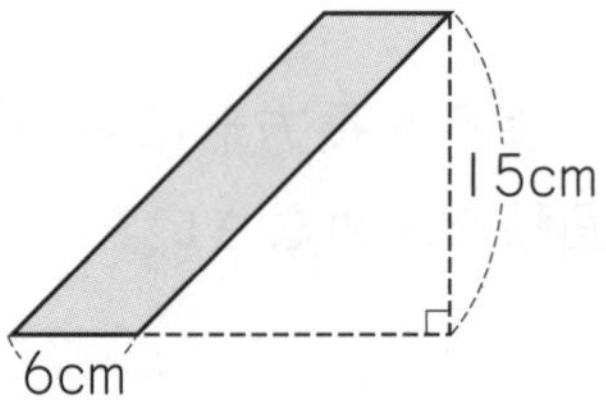

（平行四辺形）

〔　　　　　　〕

(3)

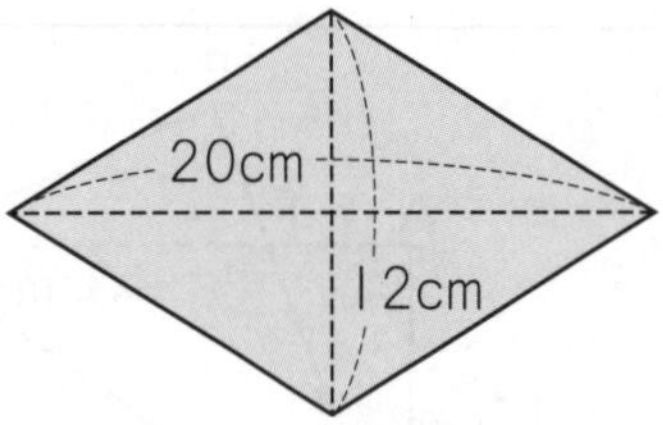

（ひし形）

〔　　　　　　〕

(4)

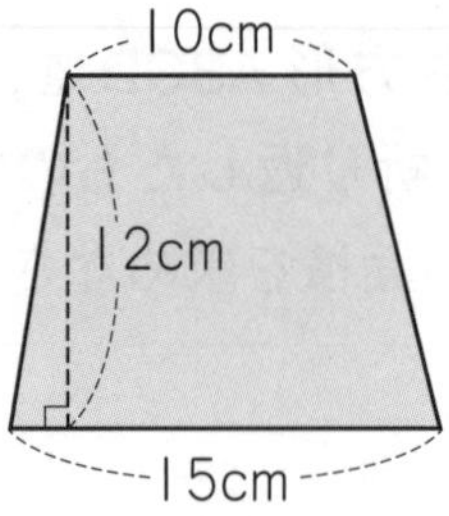

（台形）

〔　　　　　　〕

(5)

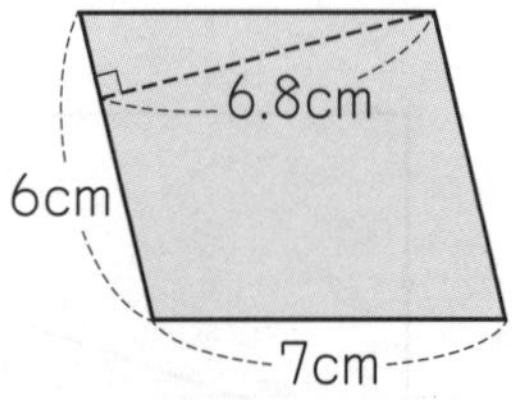

（平行四辺形）

〔　　　　　　〕

(6)

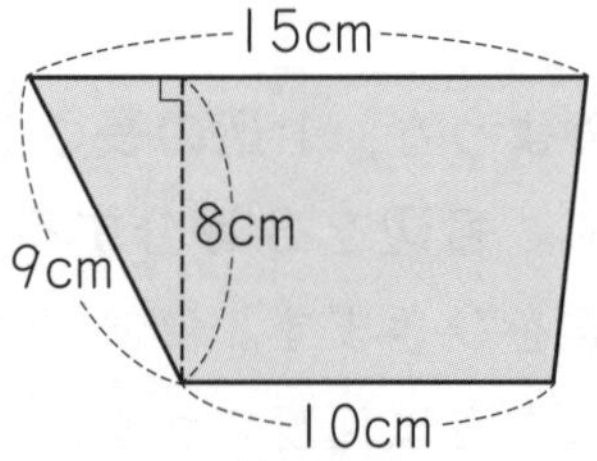

（台形）

〔　　　　　　〕

2 右の図のような平行四辺形 ABCD があります。辺 AD の長さは何 cm ですか。〔桐蔭学園中〕

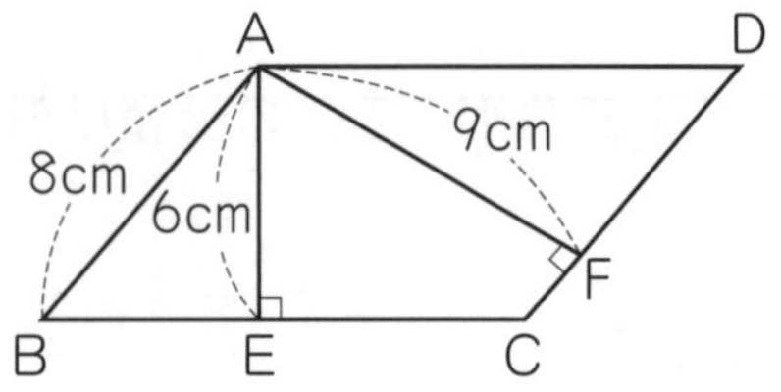

〔　　　　　　〕

3 次の図で，㋐の長さを求めなさい。

(1)

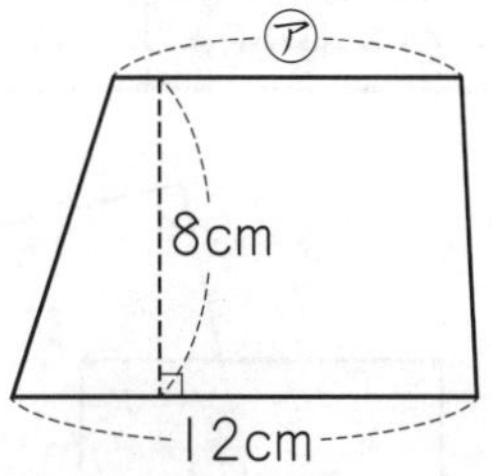

(面積が $84cm^2$ の台形)

(2)

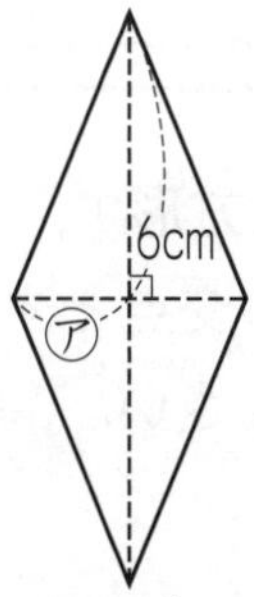

(面積が $30cm^2$ のひし形)

(3)

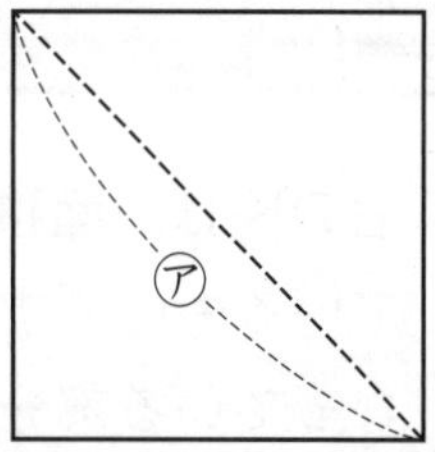

(面積が $18cm^2$ の正方形)

〔　　　〕　〔　　　〕　〔　　　〕

4 右の図の台形 ABCD の面積を求めなさい。

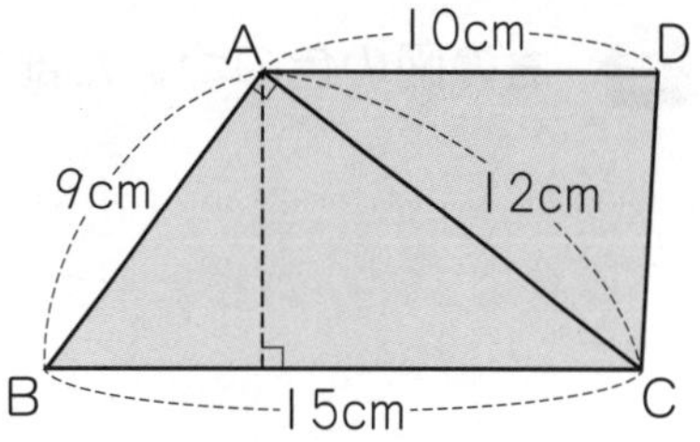

〔　　　〕

5 右の図のように 2 つの長方形が重なっているとき，長方形 ABCD の面積は何 cm^2 ですか。

〔日本大豊山女子中〕

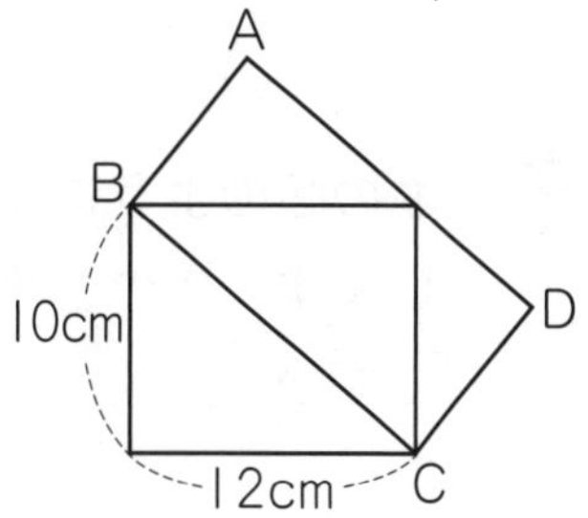

〔　　　〕

6 右の図のように 1 つのます目が 1cm の方眼紙に正方形 ABCD がかいてあります。正方形 ABCD の面積は何 cm^2 ですか。

〔藤嶺学園藤沢中〕

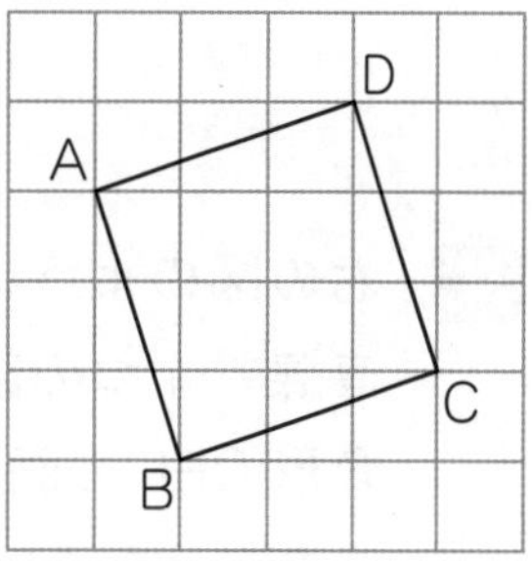

〔　　　〕

確認しよう

平行四辺形，台形，ひし形の面積を求める公式をしっかりと覚えましょう。また，正方形の面積は，(1 辺)×(1 辺)でも求められますが，正方形はひし形の一種なので，ひし形の公式を利用して，(対角線)×(対角線)÷2 でも求めることができます。

月　　日　答え ➡ 別さつ38ページ

STEP 2

ステップ 2

時間 30分
合格 80点
得点　　点

1 右の図は，面積が $36cm^2$ の正方形ア，イが重なっているものです。A を対角線の交点とするとき，重なっている部分の面積を求めなさい。(10点)〔城西川越中〕

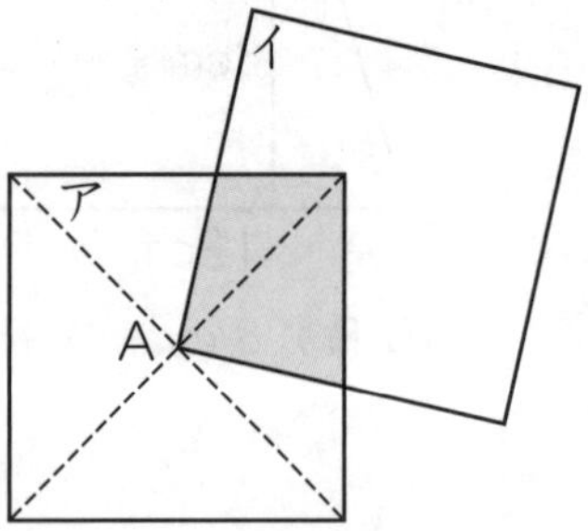

〔　　　　　〕

2 右の図の色のついた部分の面積を求めなさい。

(10点)〔春日部共栄中〕

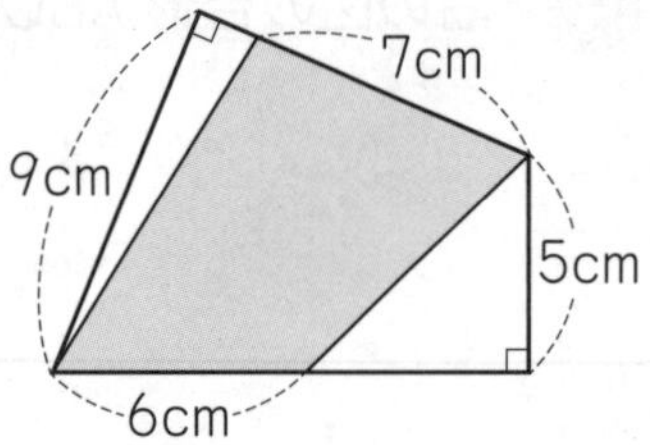

〔　　　　　〕

3 右の図のように2つの直角二等辺三角形が重なっています。このとき，色のついた部分の面積は何 cm^2 ですか。(10点)〔近畿大附中〕

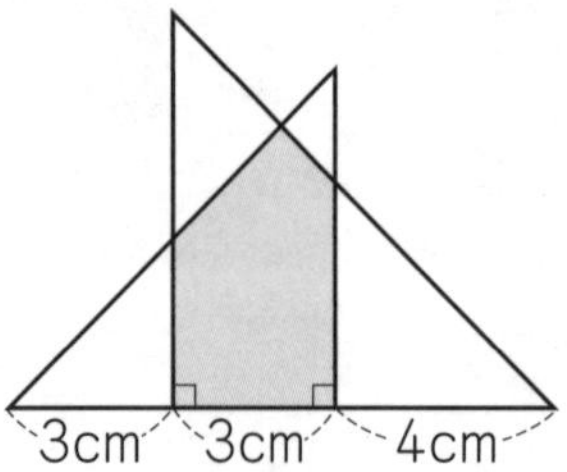

〔　　　　　〕

4 右の図のように，1辺が11cmの正方形を2本の直線で4つの部分に分けたら，四角形ABCDと三角形CEFの面積が等しくなりました。辺ABの長さを求めなさい。(10点)〔女子学院中〕

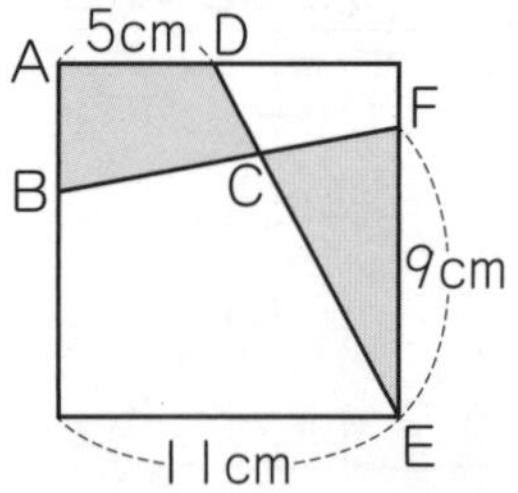

〔　　　　　〕

5 1辺の長さが24cmの正方形の紙を，図1のように，同じ形をした4つの紙に切り分けました。これら4つの紙を，図2のように，大きな正方形ができるように置きかえたところ，色のついた部分のような1辺の長さが10cmの正方形のすき間ができました。（20点/1つ10点）〔浦和明の星中〕

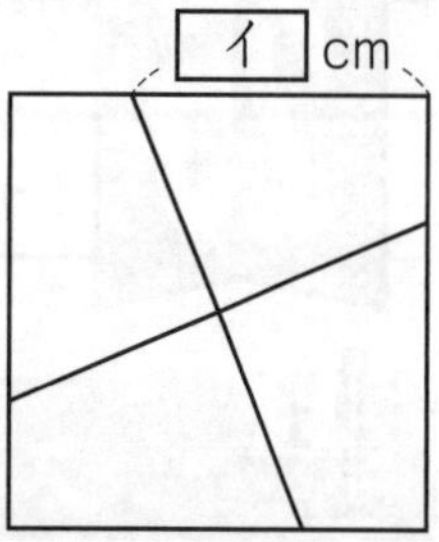

図1

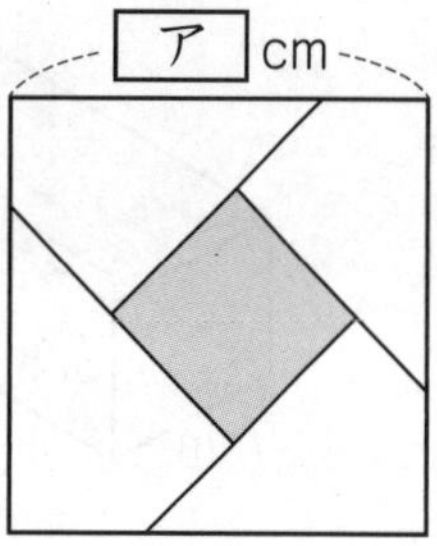

図2

(1) 図2の ア にあてはまる数を答えなさい。

〔　　〕

(2) 図1の イ にあてはまる数を答えなさい。

〔　　〕

6 右の図のように，1辺の長さが8cmの正方形を規則的《きそくてき》にならべた図形を考えます。色のついた部分は，2つの正方形が重なっている部分です。（30点/1つ10点）〔帝塚山中〕

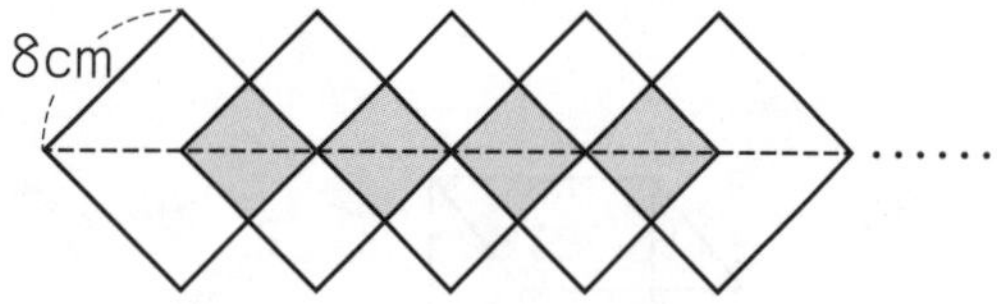

(1) 正方形を8個《こ》ならべたとき，図形のまわりの長さは何cmですか。

〔　　〕

(2) 正方形を15個ならべたとき，色のついた部分の面積の和は何cm^2ですか。

〔　　〕

(3) 正方形を20個ならべたとき，図形の面積は何cm^2ですか。

〔　　〕

7 右の図の色のついた部分の面積を求めなさい。（10点）〔成城学園中〕

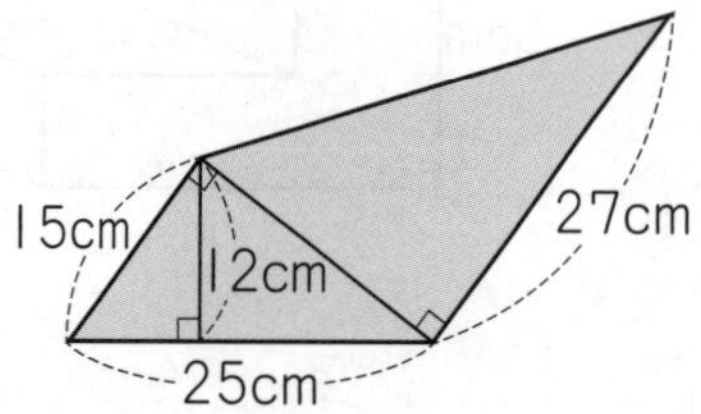

〔　　〕

月　　日　答え ➡ 別さつ39ページ

25 立体の体積

ステップ 1

1 次の直方体や立方体の体積を求めなさい。

(1)

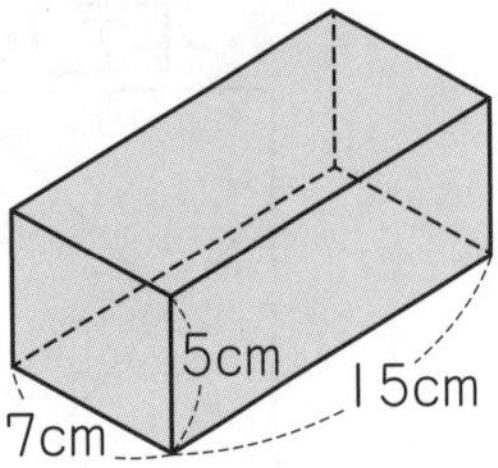

〔　　　　　　〕

(2)

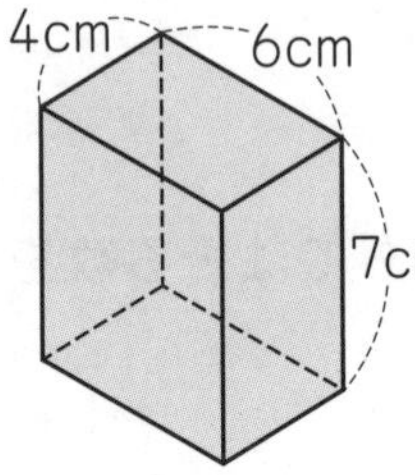

〔　　　　　　〕

(3)

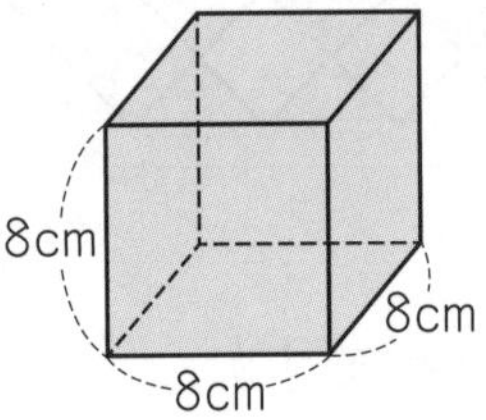

〔　　　　　　〕

(4)

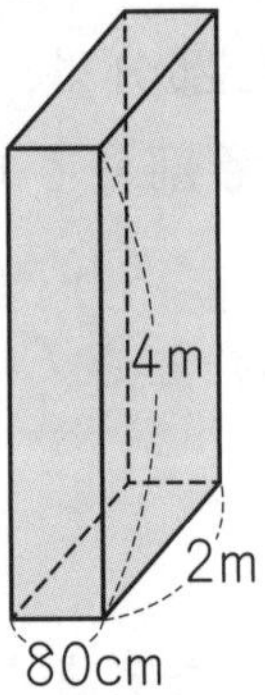

〔　　　　　　〕

2 次の立体の体積を求めなさい。

(1)

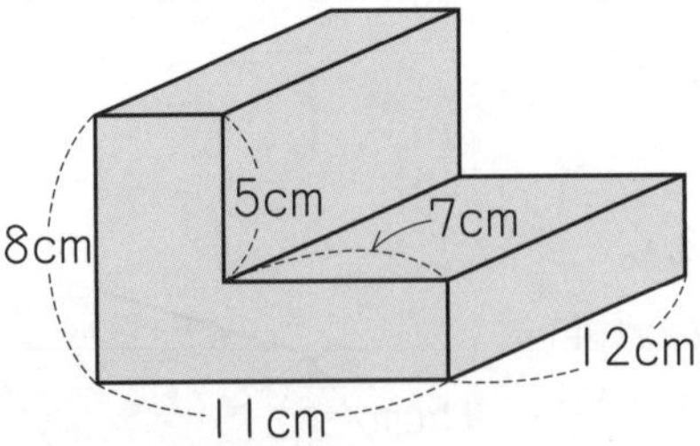

〔　　　　　　〕

(2)

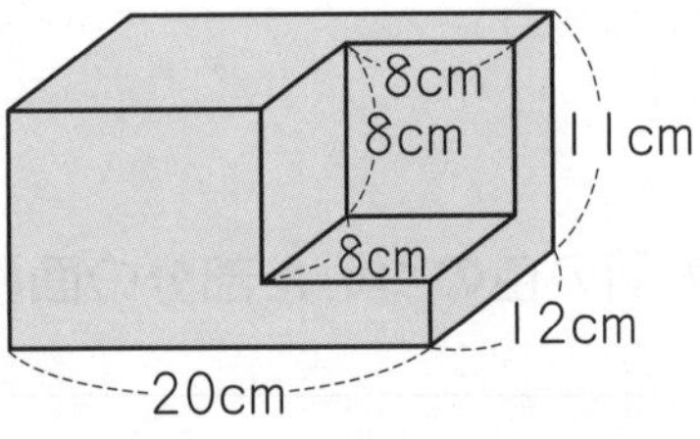

〔　　　　　　〕

3 次の□にあてはまる数を求めなさい。

(1) 1L は［ア］cm^3，1dL は［イ］cm^3 だから，2L4dL は［ウ］cm^3 です。

ア〔　　　　〕 イ〔　　　　〕 ウ〔　　　　〕

(2) 1m^3 は 1 辺が［エ］cm の立方体の体積だから，［オ］cm^3 です。

エ〔　　　　〕 オ〔　　　　〕

(3) 4800cm^3＝［カ］L＝［キ］m^3 です。

カ〔　　　　〕 キ〔　　　　〕

4 右のような展開図《てんかいず》をかいて，直方体の箱をつくりました。この箱に水は何 L まで入りますか。

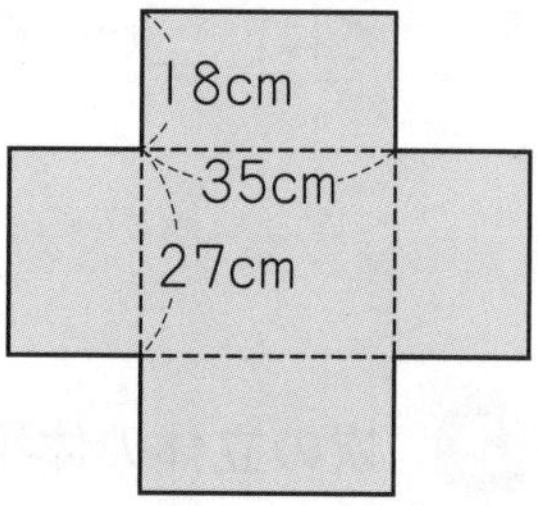

〔　　　　〕

5 右の図は，厚《あつ》さ 1cm の板でつくった直方体の形をした入れ物です。

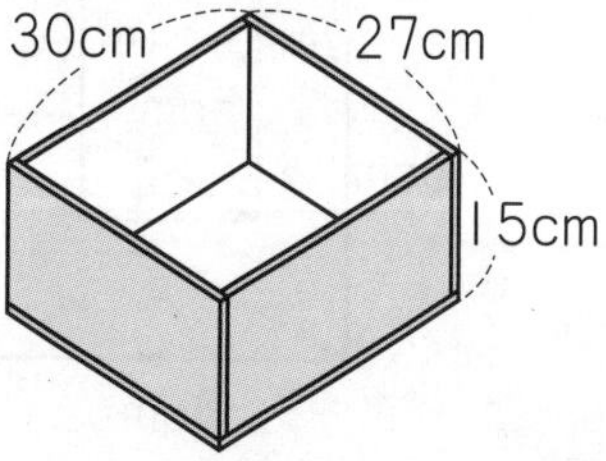

(1) この入れ物の容積《ようせき》は何 cm^3 ですか。

〔　　　　〕

(2) この入れ物に 5.6L の水を入れました。水の深さは何 cm になりますか。

〔　　　　〕

確認しよう 入れ物に水などをいっぱいに入れたとき，その水の体積を入れ物の容積といいます。直方体の形をした入れ物の容積は，入れ物のたて，横，高さから厚さをひいた長さ（内のり）を使って求めます。

月　　日　答え ➡ 別さつ39ページ

ステップ 2

時間 30分　合格 80点　得点　　点

1 次の□にあてはまる数を求めなさい。(24点/1つ8点)

(1) 20L は□m^3 です。〔関西大倉中〕

〔　　　　〕

(2) $350dL + 4500cm^3 - 2L =$ □cm^3 〔大阪信愛女子中〕

〔　　　　〕

(3) 体積が $0.234m^3$ の直方体があります。たてが 50cm，横が 72cm のとき，高さは□cm です。

〔　　　　〕

2 次の立体の体積を求めなさい。(16点/1つ8点)

(1)

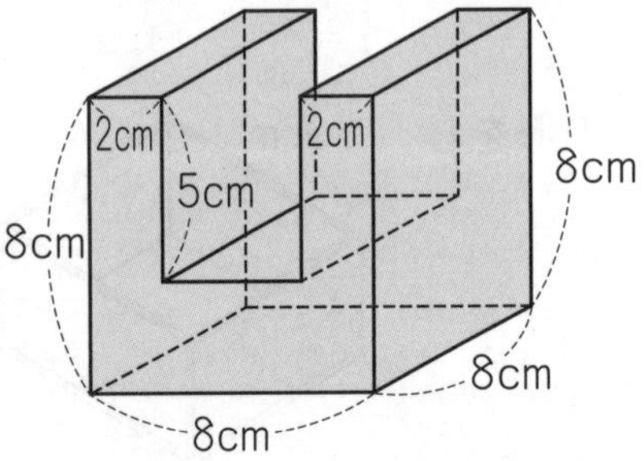

(2)

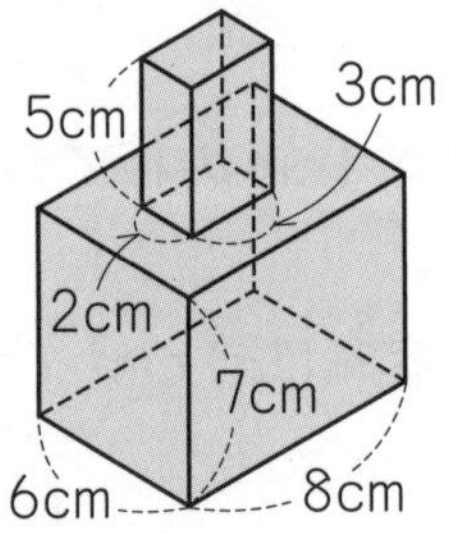

〔　　　　〕　〔　　　　〕

3 右の図は，直方体を組みあわせた立体です。この立体の体積が $1428cm^3$ のとき，□にあてはまる数を求めなさい。(9点)

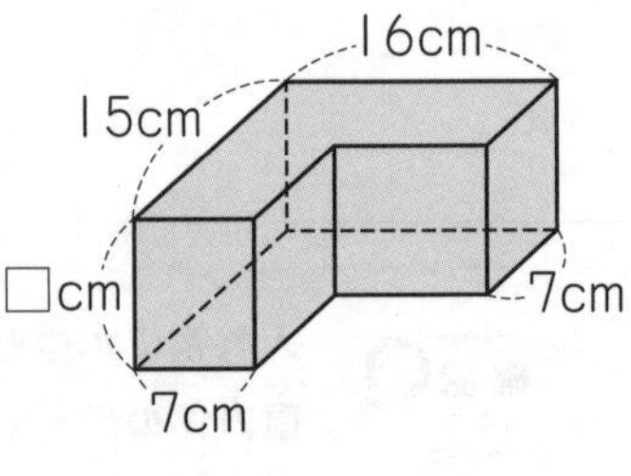

〔　　　　〕

4 図１の直方体の容器《ようき》に，12cm の深さまで水が入っています。（16 点 /1 つ 8 点）　〔浪速中〕

図１

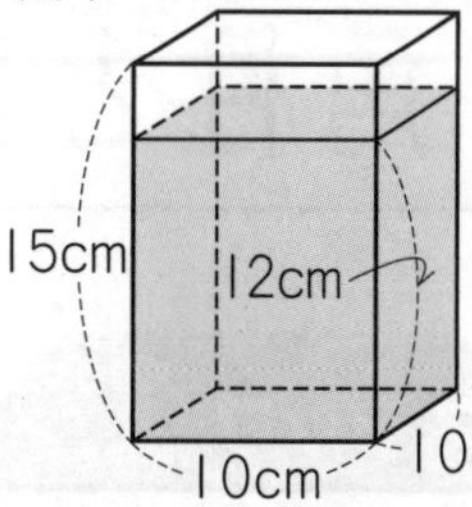

図２

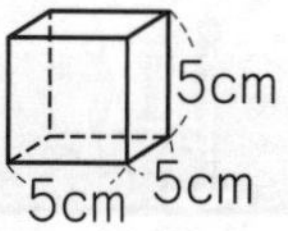

(1) 容器には何 cm^3 の水が入っていますか。

〔　　　　〕

(2) 図２の鉄でできた立方体を図１の容器にしずめました。水の深さは底から何 cm になりますか。

〔　　　　〕

5 右の図は直方体の展開図《てんかいず》です。この展開図を組み立てたときにできる直方体の体積は何 cm^3 ですか。（9 点）　〔京都橘中〕

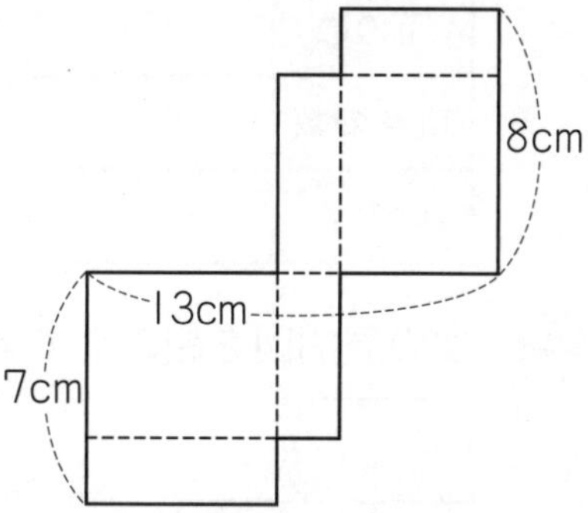

〔　　　　〕

6 右の図は，直方体をななめに切断《せつだん》したときにできる立体です。（16 点 /1 つ 8 点）　〔法政大中〕

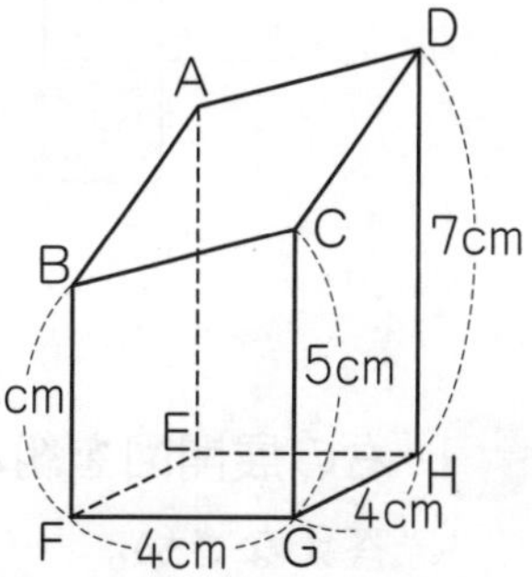

(1) 辺 AE の長さを求めなさい。

〔　　　　〕

(2) この立体の体積を求めなさい。

〔　　　　〕

7 右の立体は直方体を組み合わせたものです。この立体の体積が $3750cm^3$ のとき，辺 AB の長さは何 cm ですか。

（10 点）〔近畿大附中〕

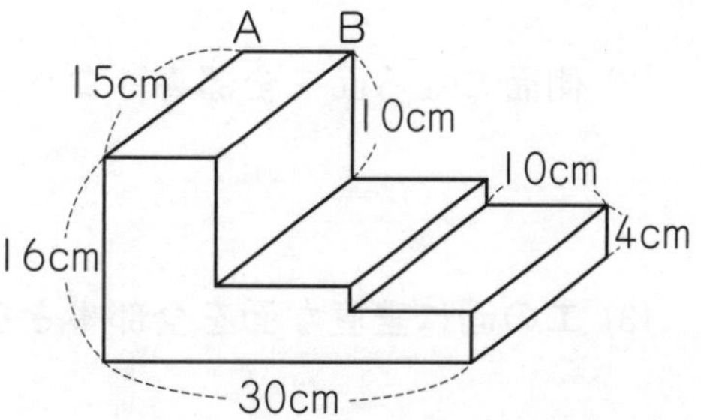

〔　　　　〕

26 角柱と円柱

ステップ 1

1 角柱の面，頂点《ちょうてん》，辺について，下の表にあてはまる数やことばを書きなさい。

	三角柱	四角柱	五角柱	六角柱
底面の形				
側面の形				
面の数				
頂点の数				
辺の数				

2 次の展開図《てんかいず》を組み立ててできる立体の名まえは何ですか。

(1)

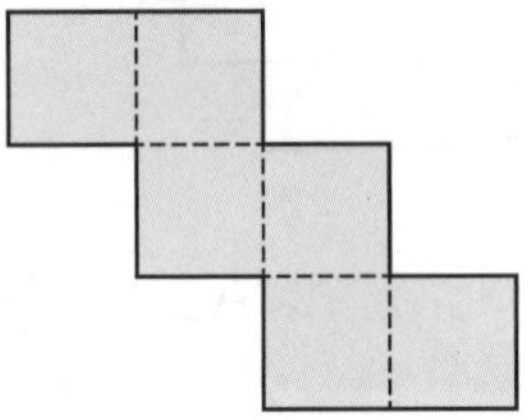

〔　　　　　〕

(2)

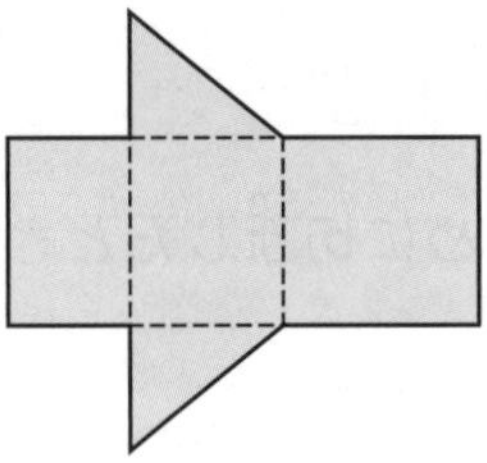

〔　　　　　〕

(3)

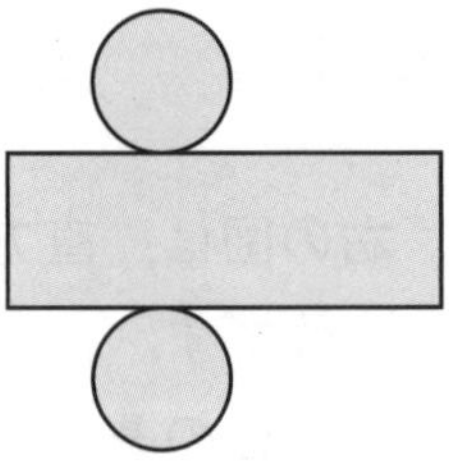

〔　　　　　〕

3 右の展開図を組み立てた立体について，次の問いに答えなさい。

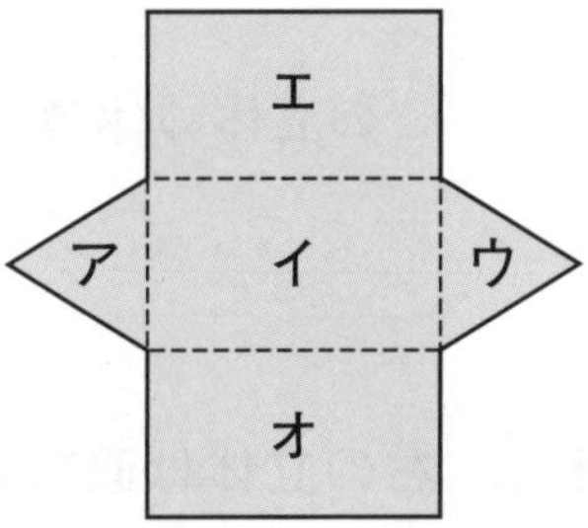

(1) 立体の名まえは何ですか。

〔　　　　　〕

(2) 側面となる面を全部書きなさい。

〔　　　　　〕

(3) **エ**の面に垂直《すいちょく》な面を全部書きなさい。

〔　　　　　〕

4 右の展開図を組み立てた立体について，次の問いに答えなさい。ただし，底面は台形です。

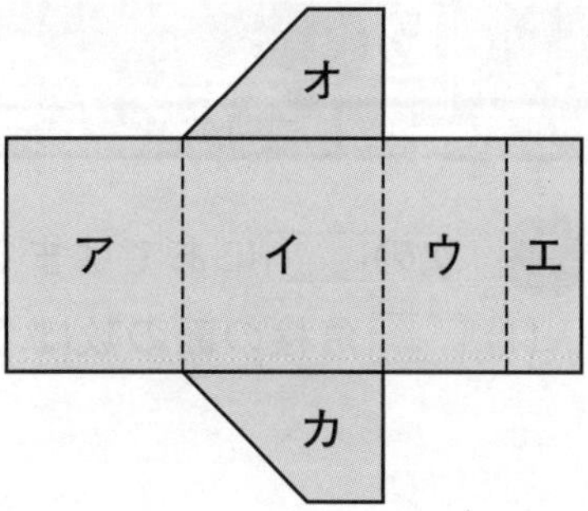

(1) 辺の数は全部で何本ありますか。

〔　　　　　〕

(2) イの面と平行な面を書きなさい。

〔　　　　　〕

(3) ウの面に垂直な面を全部書きなさい。

〔　　　　　〕

(4) オの面と平行な辺は全部で何本ありますか。

〔　　　　　〕

5 右の円柱の展開図について，次の問いに答えなさい。

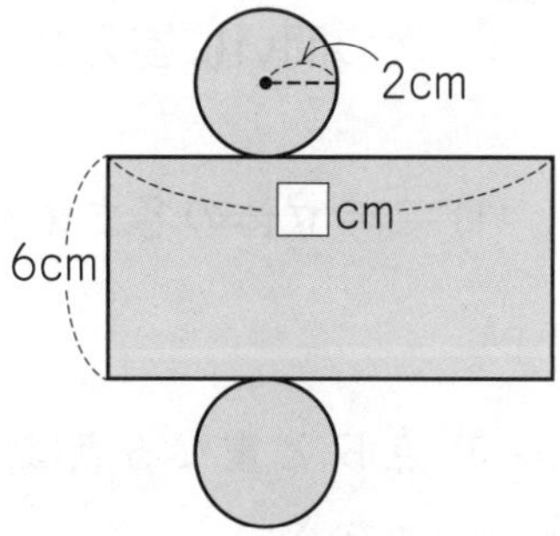

(1) 円柱の高さは何 cm ですか。

〔　　　　　〕

(2) 底面の円の直径は何 cm ですか。

〔　　　　　〕

(3) 図の中の□にあてはまる数を求めなさい。ただし，円周率《えんしゅうりつ》は 3.14 とします。

〔　　　　　〕

確認しよう 角柱の２つの底面は平行で，底面と側面は垂直になります。また，円柱の２つの底面は合同な円で，側面の展開図は長方形になります。その長方形のたての長さは円柱の高さに等しく，横の長さは底面の円周の長さに等しくなります。

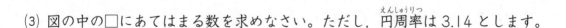

月　日　答え ➡ 別さつ41ページ

ステップ 2

時間 30分　合格 80点　得点　点

1 次の□にあてはまる数を求めなさい。(24点/1つ6点)

(1) □角柱の面の数は7，辺の数は□です。

〔　　　〕〔　　　〕

(2) 底面の半径が5cmで，高さが8cmの円柱の展開図《てんかいず》をかくと，側面の部分は，面積が□cm^2の長方形になります。

〔　　　〕

(3) 右の図のような三角柱の体積は□cm^3です。

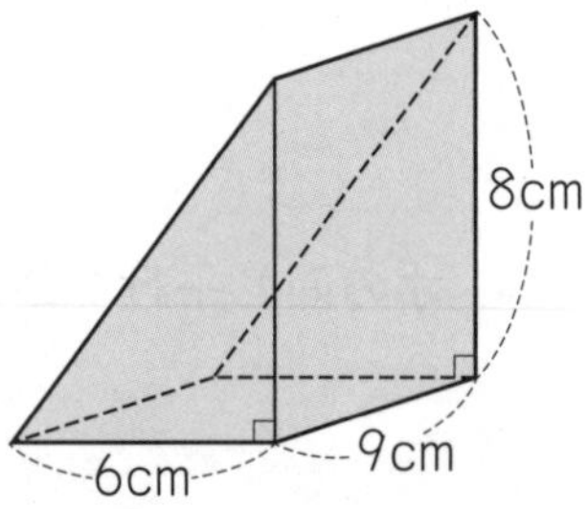

〔　　　〕

2 右の展開図を組み立ててできる立体について，次の問いに答えなさい。

(40点/1つ8点)〔成城学園中〕

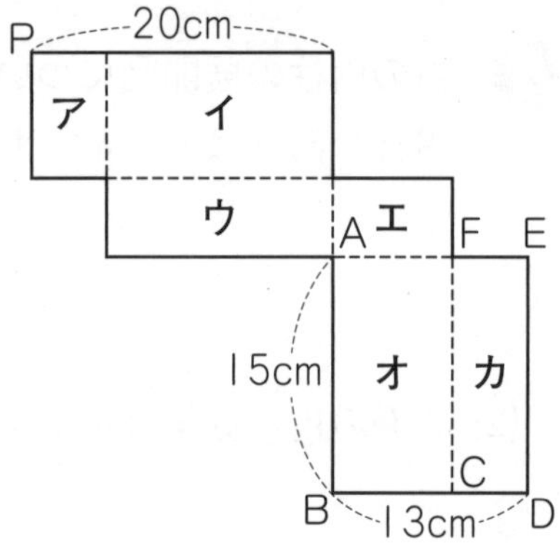

(1) この立体の名まえを書きなさい。

〔　　　〕

(2) 点Pと重なる点は，点A～Fのうちどれか答えなさい。

〔　　　〕

(3) **ア**の面と平行な面を答えなさい。

〔　　　〕

(4) **カ**の面と垂直な面を答えなさい。

〔　　　〕

(5) この立体の体積を求めなさい。

〔　　　〕

3 右の図は，高さが 12cm，体積が $144cm^3$ の円柱を，ななめに切って 2 つに分けたうちの 1 つです。この立体の体積を求めなさい。(8 点)

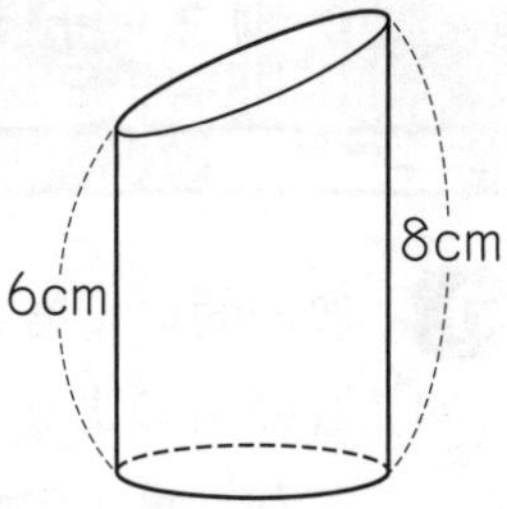

〔　　　　　〕

4 右の図は表面積が $209.08cm^2$ の直方体の展開図です。この直方体の体積は何 cm^3 ですか。(注．表面積とは，この展開図全体の面積のことです)

(8 点)〔甲南女子中〕

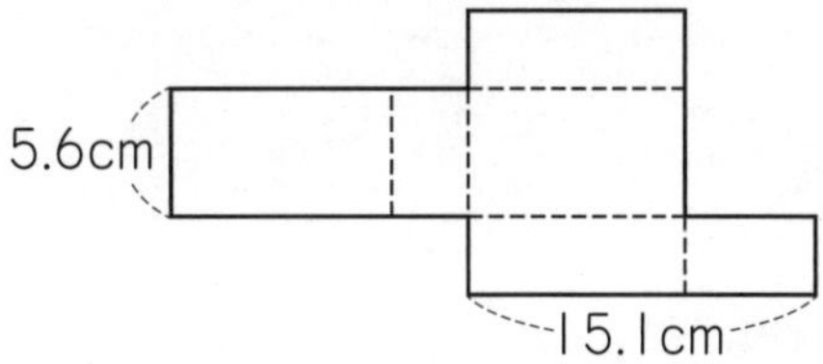

〔　　　　　〕

5 立方体の展開図として正しくないものを選びなさい。(10 点)〔近畿大附属和歌山中〕

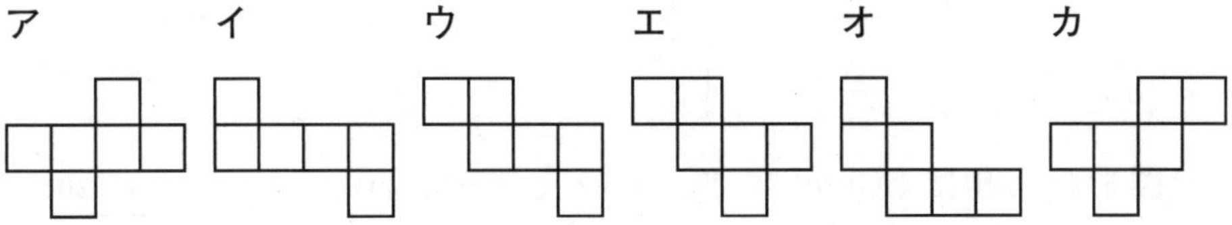

〔　　　　　〕

6 図のように 2 面に色がぬられた立方体があります。下の図は，その立方体の展開図で 1 面だけ色がぬってあります。もう 1 面も展開図にぬりなさい。

(10 点)〔三田学園中〕

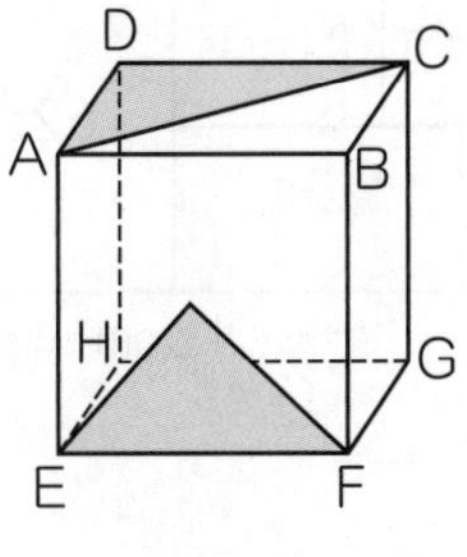

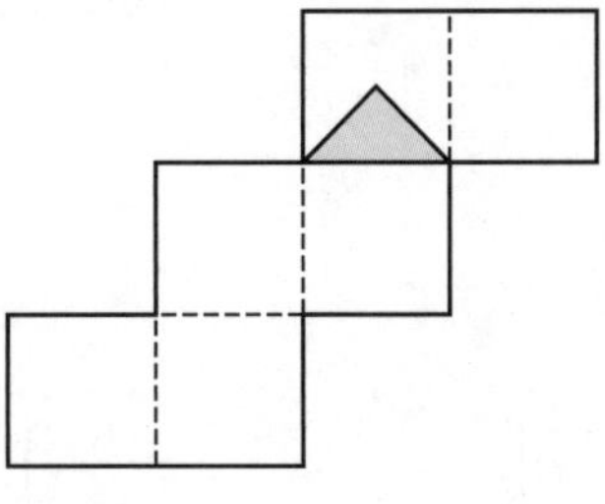

月　日　答え ➡ 別さつ41ページ

時間 30分　合格 80点　得点　点

1 次の問いに答えなさい。(40点/1つ10点)

(1) 右の図のように，合同な6つの正方形をならべました。角㋐と角㋑の大きさの和は何度ですか。

〔同志社香里中〕

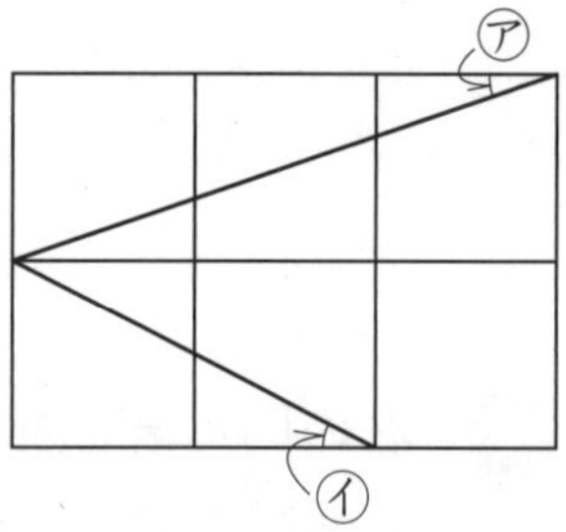

〔　　　　〕

(2) 右の図のように，二等辺三角形ABCと正三角形ACDがあります。このとき，㋐の角度は何度ですか。

〔富士見中〕

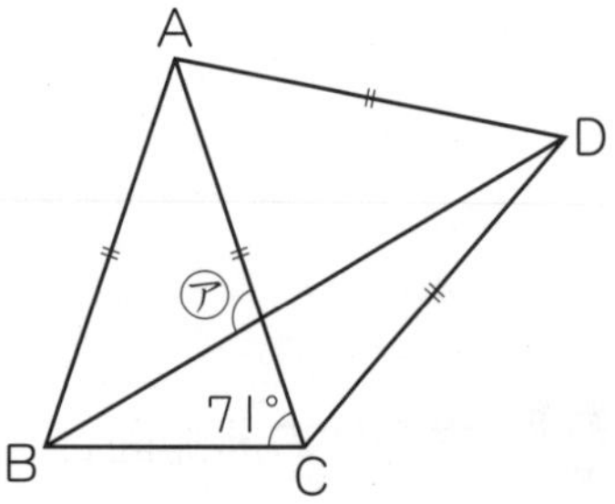

〔　　　　〕

(3) 右の図形の面積は$50cm^2$です。アの長さを求めなさい。

〔樟蔭中〕

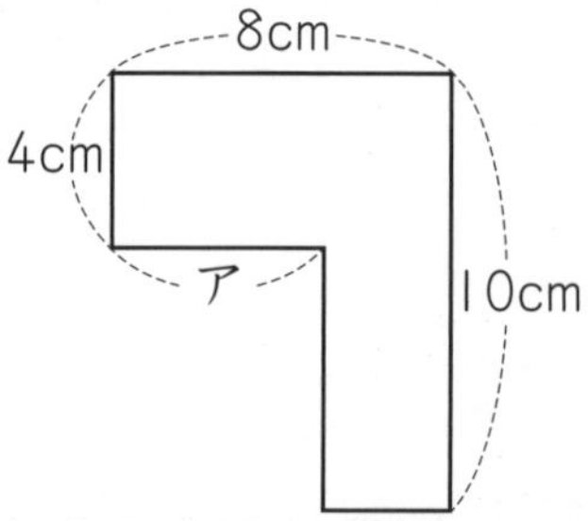

〔　　　　〕

(4) 右の図で，色のついた部分の面積を求めなさい。

〔立命館守山中〕

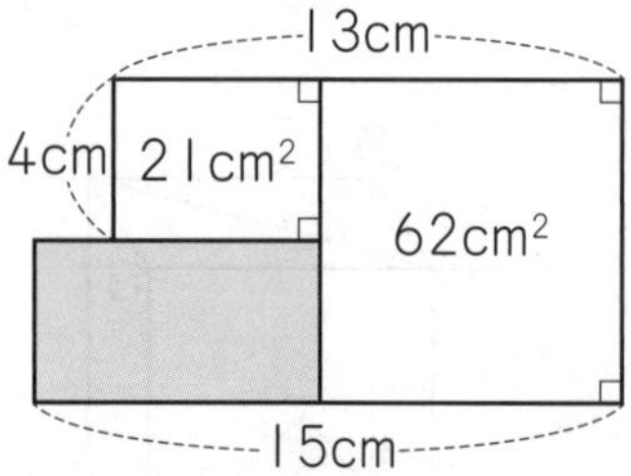

〔　　　　〕

2 右の図は，1辺が8cmの合同な2つの正方形ABCDとEFGHを，点Hが正方形ABCDの対角線の交点に一致《いっち》するように重ねたものです。

(20点/1つ10点)〔武庫川女子大附中〕

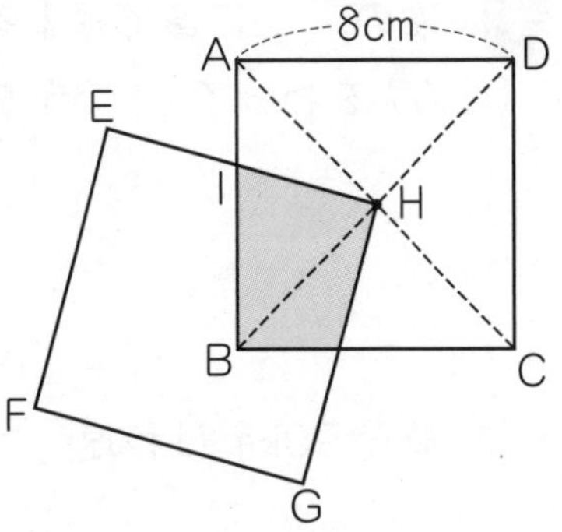

(1) 色のついた部分の面積は何 cm^2 ですか。

〔　　　　　〕

(2) 色のついた部分の周の長さが17cmとなるとき，EIの長さは何cmですか。

〔　　　　　〕

3 右の図は，正五角形と，正五角形の各頂点《ちょうてん》を中心とするおうぎ形を組み合わせた図です。正五角形の1辺の長さは6cmです。ただし，円周《えんしゅう》率《りつ》は3.14とします。(20点/1つ10点)

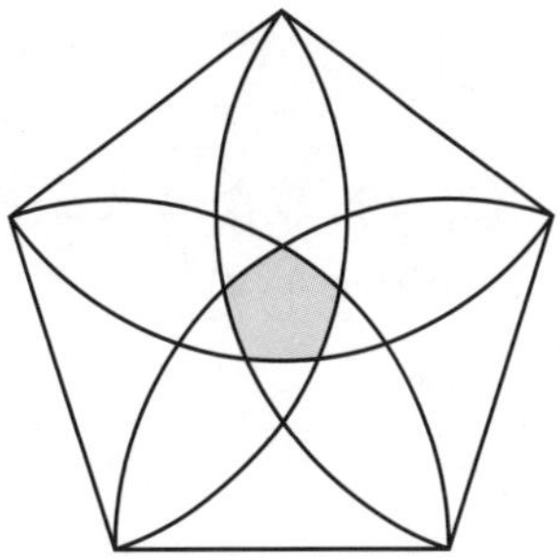

(1) 正五角形の1つの角の大きさは何度ですか。

〔　　　　　〕

(2) 色のついた部分の周りの長さは何cmですか。

〔　　　　　〕

4 小さな立方体の積み木をいくつか積み重ねて，立体を作りました。この立体を真上から見た図，正面から見た図，右横から見た図がそれぞれ次の通りです。

(20点/1つ10点)〔滝川中〕

(真上から見た図)　(正面から見た図)　(右横から見た図)

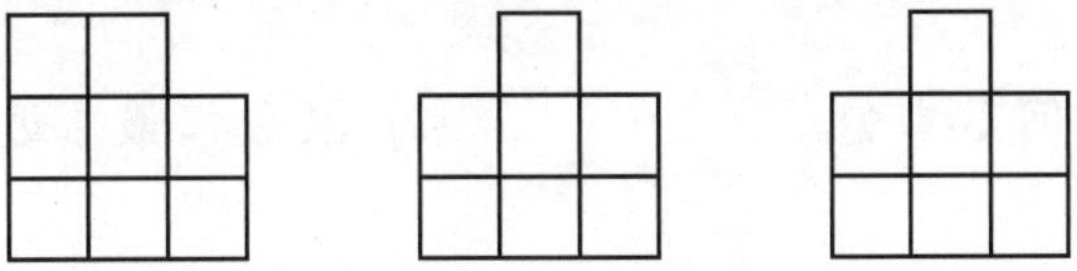

(1) 体積が最も大きいとき，いくつの積み木が使われていますか。

〔　　　　　〕

(2) 体積が最も小さいとき，いくつの積み木が使われていますか。

〔　　　　　〕

月　　日	答え ➡ 別さつ43ページ

総復習テスト①

時間 30分　合格 80点　得点　　点

1 次の□にあてはまる数を求めなさい。(28点/1つ7点)

(1) 67をわっても，55をわっても7あまる整数は□です。〔和洋国府台女子中〕

〔　　　　〕

(2) 時速90kmは秒速□mです。〔トキワ松学園中〕

〔　　　　〕

(3) 7%の食塩水400gから，水を□gじょうはつさせたら10%の食塩水になりました。〔玉川聖学院中〕

〔　　　　〕

(4) 地点A，Bの間を行きは時速40km，帰りは時速60kmで走った。このとき，往復《おうふく》の平均《へいきん》の速さは時速□kmです。〔千葉日本大第一中〕

〔　　　　〕

2 4でわると3あまり，7でわると4あまる整数について，次の問いに答えなさい。

(24点/1つ8点)〔上宮学園中〕

(1) 最も小さい数は何ですか。

〔　　　　〕

(2) 200に最も近い数は何ですか。

〔　　　　〕

(3) 3けたの数は何個《こ》ありますか。

〔　　　　〕

3 ある列車が960mのトンネルを通過《つうか》するのに52秒，480mのトンネルを通過するのに28秒かかります。(24点/1つ8点)
〔女子聖学院中〕

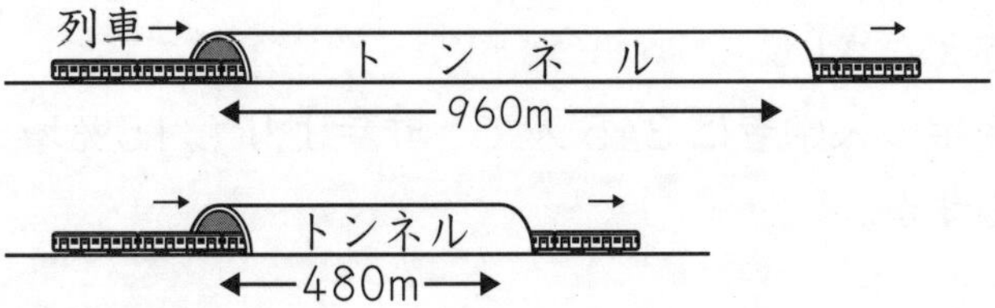

(1) この列車の速さは秒速何mですか。

〔　　　〕

(2) この列車の長さは何mですか。

〔　　　〕

(3) この列車が秒速15mの速さの貨物列車を追いこすのに40秒かかりました。この貨物列車の長さは何mですか。

〔　　　〕

4 次のそれぞれの問いに答えなさい。(24点/1つ8点)

(1) 右の四角形は正方形です。角㋐は何度ですか。
〔開明中〕

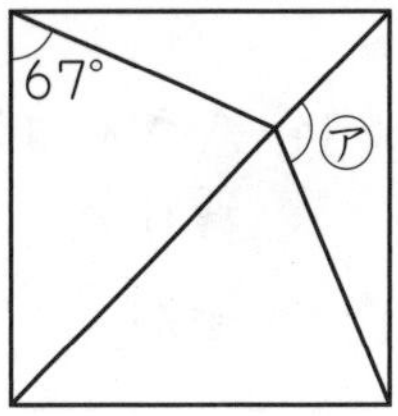

〔　　　〕

(2) 右の四角形ABCDは台形です。この台形の面積は何cm^2ですか。
〔近畿大附中〕

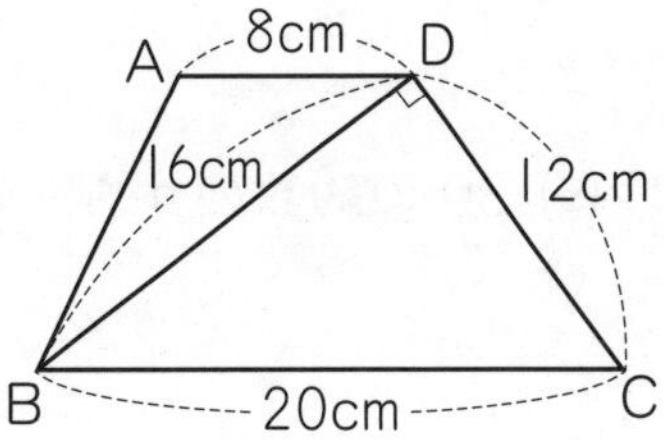

〔　　　〕

(3) 右の図のような長方形があります。①と②の面積は同じです。ABの長さは何cmですか。
〔帝塚山中〕

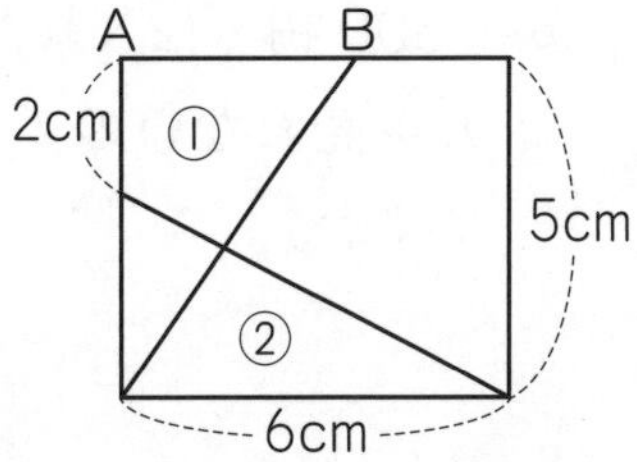

〔　　　〕

月　日　答え ➡ 別さつ44ページ

総復習テスト②

時間 30分　合格 80点　得点　点

1 次の問いに答えなさい。(30点 /1つ5点)

(1) ある学校の今年の入学者は345人で，昨年よりも15%増《ふ》えました。昨年の入学者は何人ですか。〔甲南女子中〕

〔　　　　〕

(2) 2.6Lのガソリンで27.3km走る自動車があります。この自動車が42km走るには，何Lのガソリンが必要ですか。〔昭和女子大附属昭和中〕

〔　　　　〕

(3) 3時から4時の間で，時計の長針《ちょうしん》と短針の角の大きさが108度になるのは3時何分ですか。〔香蘭女学校中〕

〔　　　　〕

(4) Aさんは算数のテストを8回受けました。5回目までのテストの平均点《へいきんてん》は69点，残りの3回のテストの平均点は73点でした。8回のテストの平均点は何点ですか。〔武庫川女子大附中〕

〔　　　　〕

(5) 30の約数のうち，奇数《きすう》であるすべての約数の和を求めなさい。〔関西創価中〕

〔　　　　〕

(6) 1500円で仕入れた品物に，仕入れ値《ね》の4割の利益《りえき》を見こんで定価《ていか》をつけましたが売れないので，定価の2割引《わりび》きで売ることにしました。売り値はいくらですか。〔関西大倉中〕

〔　　　　〕

2 AさんとBさんはP町を同時に出発して，それぞれ一定の速さで3696mはなれたQ町へ向かいました。Aさんはとちゅうにある公園で12分間休けいし，P町を出発してから56分後にQ町にとう着しました。Bさんは，Aさんが休けいを始めてから8分後に公園を通過《つうか》し，Aさんより10分おくれてQ町にとう着しました。Cさんは，Aさんが休けいを始めたときにQ町を出発し，Bさんが歩く速さの2倍の速さでP町へ向かいました。次の□にあてはまる数を求めなさい。(15点/1つ5点) 〔横浜共立学園中〕

(1) Bさんが歩く速さは毎分□mです。

〔　　　　〕

(2) Aさんが休けいを始めたのは，P町を出発してから□分後です。

〔　　　　〕

(3) CさんがAさんと出会った地点は，Q町から□mはなれています。

〔　　　　〕

3 ある中学校の女子の人数は全体の8割です。男子の中で，A市出身は40%，B市出身は30%，残りはC市出身です。全体の人数のうちA市出身は6割で，C市出身は3割です。B市出身は男女合わせて35人います。(15点/1つ5点)〔帝塚山中〕

(1) C市出身の男子は全体の何%ですか。

〔　　　　〕

(2) 女子の中で，A市出身は何%ですか。

〔　　　　〕

(3) C市出身の女子は何人ですか。

〔　　　　〕

4 右の図は，A さんのある 1 日の生活を表した円グラフです。

（10 点 /1 つ 5 点）〔北鎌倉女子学園中〕

⑴ 学校にいた時間は何時間ですか。

〔　　　　　　〕

⑵ 右の円グラフを長さ 36cm の帯《おび》グラフにかくとすると，すいみん時間は何 cm になりますか。

〔　　　　　　〕

5 正方形 ABCD を図のように BE を折り目として折って，点 A と C を点線で結びました。（12 点 /1 つ 6 点）

〔神戸海星女子中〕

⑴ ㋐の角の大きさを求めなさい。

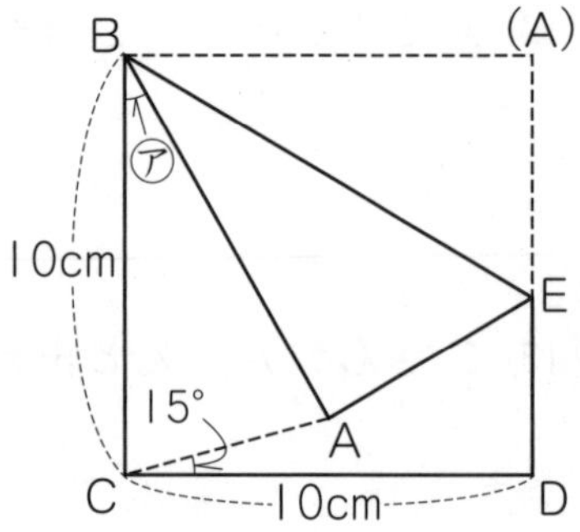

〔　　　　　　〕

⑵ 三角形 ABC の面積を求めなさい。

〔　　　　　　〕

6 3 つの容器《ようき》 A，B，C を，それぞれ厚さ 1cm の板 5 まいずつを使って作ります。容器 A には 1 辺 5cm の立方体がちょうど入ります。容器 B には容器 A がちょうど入り，容器 C には容器 B がちょうど入ります。（18 点 /1 つ 6 点）〔淳心学院中〕

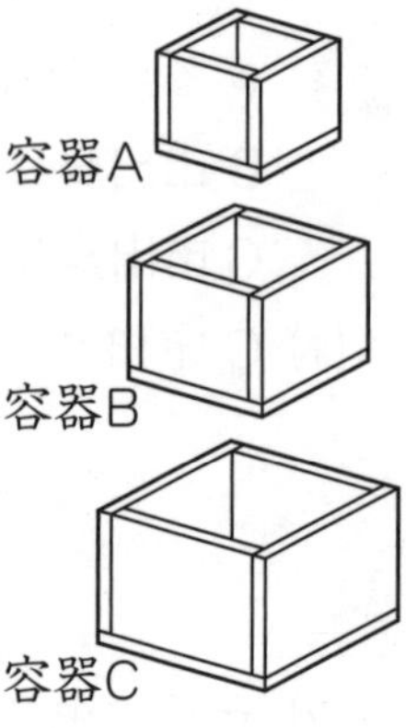

⑴ 3 つの容器 A，B，C の容積はそれぞれ何 cm^3 ですか。

A〔　　　　　　〕 B〔　　　　　　〕

C〔　　　　　　〕

⑵ 容器 A，B，C を作るのに必要な板の体積は全部で何 cm^3 ですか。

〔　　　　　　〕

⑶ 容器 A，B，C を作るのに，板と板がくっつくところの片側《かたがわ》すべてに接着剤《せっちゃくざい》をぬります。何 cm^2 分の接着剤が必要ですか。

〔　　　　　　〕

ひっぱると，はずして使えます。

小5

標準問題集

文章題・図形

答え

答　え

小5 標準問題集
文章題・図形

4年の復習 ①

2~3 ページ

1 (1)876543210
(2)301245678
(3)248765310
2 (1)33.1kg　(2)66.2kg
3 (1)30450 円　(2)36 人
4 (1)水曜日と木曜日　(2)水曜日
5 (1)49 人　(2)15 人
6 (1)95m　(2)16 本

解き方

1 (1)位の大きい順に，大きい数字をならべます。
(2)301245678 と 287654310 のうち，300000000 に近いほうの数です。
(3)24▮▮▮▮▮▮▮の▮▮▮▮▮▮▮に，数字を大きい順にならべます。

2 (1)29.4＋3.7＝33.1(kg)
(2)33.1×2＝66.2(kg)

3 (1)350×87＝30450(円)
(2)子どもの入館料の合計は，36930−30450＝6480(円)だから，人数は，6480÷180＝36(人)

4 (1)水曜日から木曜日にかけて，最高気温は 7℃下がっています。
(2)水曜日は最高気温と最低気温が 12℃ちがいます。

5 (1)犬，またはねこをかっている人は 18＋16−3＝31(人)だから，犬もねこもかっていない人は 80−31＝49(人)
(2)犬をかっている 18 人のうち，3 人はねこもかっているので，犬だけをかっている人は，18−3＝15(人)

6 (1)20 本の木を植えると，木と木の間かくは 20−1＝19(か所)できるので，5×19＝95(m)
(2)木と木の間かくは，120÷8＝15(か所)なので，植えた木の本数は 15＋1＝16(本)

4年の復習 ②

4~5 ページ

1 (1)144cm^2　(2)18cm
2 (1)124cm　(2)3 本
3 (1)イ，ウ，エ，オ　(2)ウ，オ　(3)エ，オ
4 (1)㋐ 75°　㋑ 135°　(2)㋒ 45°　㋓ 120°
5 (1)13cm　(2)5.45cm
6 (1)15cm　(2)669 まい

解き方

1 (1)12×12＝144(cm^2)
(2)長方形㋑の面積は 144cm^2 で，たての長さが 8cm だから，横の長さは 144÷8＝18(cm)

2 (1)8cm の竹ひご 8 本と 15cm の竹ひご 4 本を使っているので，全部で，8×8＋15×4＝124(cm)
(2)㋐と同じ向きの竹ひごを選びます。

3

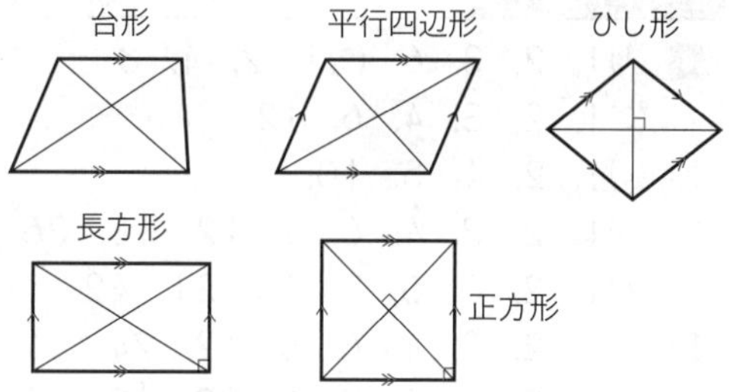

4 (1)㋐＝30°＋45°＝75°
㋑＝180°−45°＝135°
(2)㋒＝90°−45°＝45°
㋓＝180°−60°＝120°

5 (1)問題の図より，大きい正方形の 1 辺の長さと小さい正方形の 1 辺の長さの「和は 20cm，差は 6cm」とわかるので，和差算により，大きい正方形の 1 辺の長さは，
(20＋6)÷2＝13(cm)

> **ここに注意**　**和差算の解き方**
> 大，小 2 つの数の和と差がわかっているとき，
> ・小さい方の数＝(和−差)÷2
> ・大きい方の数＝(和＋差)÷2
> で求めることができます。

(2)小さい正方形の 1 辺の長さは 13−6＝7(cm)なので，図形全体の面積は，

$13\times13+7\times7=218(cm^2)$
したがって，点線より下の長方形の部分の面積が $218\div2=109(cm^2)$ になればよいので，
$\square=109\div20=5.45$(cm)

6 (1)正三角形の紙 1 まいのまわりの長さは，
$2\times3=6$(cm)
これに，正三角形の紙を 1 まい重ねるごとに，まわりの長さは 3cm ずつ増《ふ》えていきます。したがって，4 まいの正三角形の紙を重ねたとき，はじめの 1 まいにあと 3 まいの紙を重ねることになるので，まわりの長さは
$6+3\times3=15$(cm)
(2) $2010-6=2004$，$2004\div3=668$ より，はじめの 1 まいにあと 668 まいの紙を重ねるとまわりの長さが 2010cm になることがわかります。したがって，正三角形の紙は全部で $1+668=669$(まい)

1 約　数

ステップ 1　　6~7 ページ

1 (1)1，2，3，6　(2)1，2，4，8
(3)1，2，3，4，6，12
(4)1，2，4，5，10，20
(5)1，2，3，4，6，9，12，18，36
(6)1，2，3，6，7，14，21，42

2 (1)1，2，3，4，6，8，12，24
(2)1，2，3，4，5，6，10，12，15，20，30，60
(3)公約数…1，2，3，4，6，12
最大公約数…12
(4)(例)24 と 60 の公約数は，24 と 60 の最大公約数である 12 の約数になっている。

3 (1)15　(2)14　(3)20　(4)48

4 (1)28 人
(2)キャラメル…3 個《こ》，ガム…4 まい

5 (1)8cm　(2)144 個

解き方

1 (1)「1 と 6」，「2 と 3」のように，かけて 6 になる 2 つの数の組を求めます。1，6，2，3 はすべて 6 の約数なので，これを小さい順に整理して，1，2，3，6 とします。
(2)かけて 8 になる 2 つの数の組は，「1 と 8」，「2 と 4」だから，1，2，4，8 です。
(3)かけて 12 になる 2 つの数の組は，「1 と 12」，「2 と 6」，「3 と 4」だから，1，2，3，4，6，12 です。
(4)かけて 20 になる 2 つの数の組は，「1 と 20」，「2 と 10」，「4 と 5」だから，1，2，4，5，10，20 です。
(5)数が大きくなると約数を見落とすことが多いので，次のように表を作って見落とさないように工夫しましょう。また，答えに 6 を 2 個書かないように注意しましょう。

1	2	3	4	6
36	18	12	9	6

36 の約数は，1，2，3，4，6，9，12，18，36
(6)かけて 42 になる 2 つの数を表にします。

1	2	3	6
42	21	14	7

42 の約数は，1，2，3，6，7，14，21，42

ここに注意　□の約数を求めるときは，かけて□になる 2 つの数の組を作って求めます。

2 (1)

1	2	3	4
24	12	8	6

24 の約数は，1，2，3，4，6，8，12，24
(2)

1	2	3	4	5	6
60	30	20	15	12	10

60 の約数は，1，2，3，4，5，6，10，12，15，20，30，60
(3)24 の約数でもあり，60 の約数でもある数が，24 と 60 の公約数です。
(4)公約数のうち，最も大きい数を最大公約数といいます。公約数はすべて，最大公約数の約数になっています。

3 (1)
3) 45　60
5) 15　20
　　3　4
最大公約数…$3\times5=15$

(2)
2) 28　70
7) 14　35
　　2　5
最大公約数…$2\times7=14$

(3)
2) 40　100
2) 20　50
5) 10　25
　　2　5
最大公約数…$2\times2\times5=20$

(4)
2) 96　144
2) 48　72
2) 24　36　最大公約数
2) 12　18　…2×2×2×2×3=48
3) 6　9
　　2　3

4 (1)84 個のキャラメルを同じ個数ずつ分けることのできる人数は 84 の約数です。また，112 まいのガムを同じまい数ずつ分けることのできる人数は 112 の約数です。したがって，人数は 84 と 112 の公約数で，「できるだけ多くの生徒に」とあるので，84 と 112 の最大公約数になります。

(2)キャラメルは 84÷28=3(個)ずつ，ガムは 112÷28=4(まい)ずつ分けることができます。

5 (1)正方形の 1 辺の長さを□ cm とすると，□はたての長さ 72(cm)の約数であり，同時に横の長さ 128(cm)の約数でもあるので，72 と 128 の公約数です。しかも「できるだけ大きい正方形に」とあるので，□は 72 と 128 の最大公約数で 8 ということになります。

(2)正方形は，たてに 72÷8=9(個)，
横に 128÷8=16(個)ならぶので，
9×16=144(個)

ステップ 2

8~9 ページ

1 (1)24　(2)12 個
(3)1，2，3，4，6，9，12，18，36
(4)56 まい　(5)12　(6)4　(7)87

2 (1)8m　(2)44 本

3 ア…108
イ…1，2，3，4，6，9，12，18，36
ウ…9，12，18，36

4 (1)36 人　(2)5 個

5 6，30，42，66

解き方

1 (1)
2) 96　72
2) 48　36
2) 24　18
3) 12　9
　　4　3

最大公約数は，2×2×2×3=24

(2)90 の約数は，1，2，3，5，6，9，10，15，18，30，45，90 の 12 個です。

(3)A は 36 の約数です。

(4)正方形の 1 辺の長さは，91 と 104 の最大公約数で，13cm です。このとき，正方形はたてに 91÷13=7(まい)，
横に 104÷13=8(まい)ならぶので，まい数は 7×8=56(まい)

(5)3 つの数の最大公約数も，連除法《れんじょほう》(すだれ算)で求めることができます。

2) 84　144　300
2) 42　72　150
3) 21　36　75
　　7　12　25

最大公約数は，2×2×3=12

(6)36※120=12，12※100=4 の順に求めます。

(7)約数が 3 個である整数は，小さい順に，
4(1 と 2 と 4)，9(1 と 3 と 9)，
25(1 と 5 と 25)，49(1 と 7 と 49)，
121(1 と 11 と 121)，……で，
小さいものから 4 つの和は，
4+9+25+49=87

2 (1)木と木の間かくは 56 と 120 の公約数で，木の本数をできるだけ少なくするには，木と木の間かくをできるだけ大きくすればよいので，56 と 120 の最大公約数になり，8m です。

(2)土地の周りの長さは，
(56+120)×2=352(m)なので，木の本数は，352÷8=44(本)

3 ある整数 A で 151 をわると 7 あまるということは，ある整数 A で 151−7=144 はわり切れるということです。同じように，111 をわると 3 あまるということは，ある整数 A で 111−3=108 はわり切れるということです。以上より，A は 144 と 108 の公約数であることがわかります。144 と 108 の最大公約数は 36 だから，A は 36 の約数(1，2，3，4，6，9，12，18，36)です。ただし，わる数はあまりより大きくないといけないので，36 の約数のうち 7 より大きいものを求めて，A は 9，12，18，36 となります。

> **ここに注意**　□を A でわると△あまる
> →A は(□ − △)の約数で，△より大きい数

4 (1)分けたみかんの個数は 210−30=180(個)，
分けたかきの個数は 110−2=108(個)
子どもの人数は 180 と 108 の公約数の中で 30 より大きい数なので，36 人です。

(2)180÷36=5(個)

5 54 と 96 の最大公約数は 6 だから，x と 72 の最大公約数も 6 になります。したがって，x としてまず考えられる数は，6，12，18，24，30，36，42，48，54，60，66 です。このうち，x が 12 ならば最大公約数が 12 になり問題にあてはまりません。同じように，x が 18，24，36，48，54，60 のときも最大公約数が 6 にならないので問題にあてはまりません。最大公約数が 6 になるのは，x が 6，30，42，66 のときです。

2 倍　数

ステップ 1　10~11 ページ

1 (1)3，6，9，12，15
(2)5，10，15，20，25
(3)8，16，24，32，40
(4)13，26，39，52，65
(5)25，50，75，100，125

2 (1)24，48，72，96，120
(2)30，60，90，120，150
(3)最小公倍数…120，
公倍数…120，240，360
(4)(例)24 と 30 の公倍数は，24 と 30 の最小公倍数である 120 の倍数になっている。

3 (1)33 個《こ》　(2)25 個　(3)8 個　(4)150 個

4 (1)210　(2)36　(3)120　(4)75

5 (1)90cm　(2)30 まい

解き方

1 もとの数を「×1」「×2」「×3」「×4」「×5」としていきます。

2 24 の倍数でもあり，30 の倍数でもある数が，24 と 30 の公倍数です。公倍数のうち最も小さい数を最小公倍数といい，最小公倍数がわかれば，ほかの公倍数は最小公倍数の倍数として求めることができます。

3 (1)200÷6=33 あまり 2 より，33 個です。
(2)200÷8=25 より，25 個です。
(3)6 でも 8 でもわり切れる数は 6 と 8 の公倍数，つまり最小公倍数である 24 の倍数です。200÷24=8 あまり 8 より，8 個あります。
(4)6 の倍数は 33 個，8 の倍数は 25 個で，6 の倍数と 8 の倍数は合わせて 33+25=58(個)ありますが，そのうち 8 個は同じ数(6 と 8 の公倍数)なので，実際《じっさい》は，33+25−8=50(個)しかありません。したがって，6 でも 8 でもわり切れない数は，
200−50=150(個)

4 (1)
7) 35　42
　　 5　 6
最小公倍数 …7×5×6=210

(2)
2) 12　18
3) 6　 9
　　 2　 3
最小公倍数 …2×3×2×3=36

(3)
2) 24　60
2) 12　30
3) 6　15
　　 2　 5
最小公倍数 …2×2×3×2×5=120

(4)
5) 25　75
5) 5　15
　　 1　 3
最小公倍数 …5×5×1×3=75

5 (1)たての長さは 15 の倍数，横の長さは 18 の倍数(単位は cm)になるので，正方形になるためには，1 辺の長さが 15 と 18 の公倍数にならなければなりません。できるだけ小さい正方形を作るのだから，正方形の 1 辺の長さは 15 と 18 の最小公倍数で，90cm です。
(2)このとき長方形は，たてに 90÷15=6(まい)，横に 90÷18=5(まい)ならべることになるので，6×5=30(まい)必要です。

ステップ 2　12~13 ページ

1 (1)510　(2)68　(3)48　(4)185

2 (1)15，23，31，39，47，55，63，71
(2)47，103，159

3 2012

4 450 個

5 金曜日

6 (1)16 周　(2)10 回

7 9 回

解き方

1 (1)6 でも 15 でもわり切れる数というのは，6 と 15 の公倍数，つまり，30 の倍数です。500 に近い 30 の倍数は「……，480，510，……」だから，最も近い数は 510 です。
(2)1 から 100 までの整数のうち，5 の倍数は 100÷5=20 より 20 個，7 の倍数は 100÷7=14 あまり 2 より 14 個，5 と 7 の公倍数(=35 の倍数)は 100÷35=2 あま

り30より2個あるので，5または7の倍数は，
20＋14－2＝32(個)あります。したがって，5でも7でもわりきれない整数は，
100－32＝68(個)

⑶6と16の最小公倍数は48，48と24の最小公倍数は48だから，6と16と24の最小公倍数は48です。

ここに注意 3つの数の最小公倍数を求めるときは，まず，2数の最小公倍数を求めて，その数ともう1つの数の最小公倍数を求めます。

⑷12でわっても，15でわっても5あまる数は，12と15の公倍数，つまり，60の倍数より5大きい数です。60の倍数で200に近いものは，「……180，240，……」だから，求める数のうち200に近いものは，「……185，245，……」となり，200にいちばん近い数は185です。

2 ⑴⑵8でわると7あまる整数を小さい順に書くと，15，23，31，39，47，55，63，71，……となり，7でわると5あまる整数を小さい順に書くと，12，19，26，33，40，47，54，61，……となるので，整数Aとして考えられる最も小さい数は47です。このような整数は，以後，8と7の最小公倍数である56おきに現《あらわ》れるので，小さいほうから2番目の数は47＋56＝103，
3番目の数は103＋56＝159

3 3でわると2あまる数は，5，8，11，14，17，20，23，……となり，7でわると3あまる数は，10，17，24，31，38，……となるので，条件にあてはまる最も小さい数は17です。このような整数は，以後，3と7の最小公倍数である21おきに現れるので，「17＋21×□」が2016に最も近くなるようにします。
(2016－17)÷21＝95.1…だから，□に95をあてはめて，求める数は17＋21×95＝2012

4 立方体のたては2の倍数，横は5の倍数，高さは6の倍数(単位はcm)になるので，1辺の長さは2，5，6の最小公倍数になります。2と5の最小公倍数は10，10と6の最小公倍数は30だから，1辺の長さは30cmです。したがって，使う直方体の個数は，
(30÷2)×(30÷5)×(30÷6)＝15×6×5
＝450(個)

5 働く日を○，休む日を×で表すと，Aくんは「○○○×」のくり返し，Bくんは「○○×」のくり返しだから，4と3の最小公倍数である12日間のようすを調べます。

	月	火	水	木	金	土	日	月	火	水	木	金
A	○	○	○	×	○	○	○	×	○	○	○	×
B	○	○	×	○	○	×	○	○	×	○	○	×

表より，金曜日とわかります。

6 ⑴30，32，48の最小公倍数を求めます。30と32の最小公倍数は480，480と48の最小公倍数は480だから，480秒後です。このとき，Aさんは480÷30＝16(周)しています。

⑵32と48の最小公倍数は96だから，96秒ごとにBさんとCさんが出発点でいっしょになります。20分＝1200秒だから，
1200÷96＝12あまり48より，20分間で12回あります。12回のうち，Aさんもいっしょになることが
1200÷480＝2あまり240より2回あるので，BさんとCさんだけが出発点でいっしょになるのは，
12－2＝10(回)

7 ふつう列車が発車する時こくは，
「6:00 → 6:08 → 6:16 → 6:24 → 6:32 → ……」
急行列車が発車する時こくは，
「6:20 → 6:32 → 6:44 →……」
よって，ふつう列車と急行列車は6時32分にはじめて同時に発車し，以後，8と12の最小公倍数である24分ごとに同時に発車するので，10時までには，6:32，6:56，7:20，7:44，8:08，8:32，8:56，9:20，9:44の9回同時に発車します。

3 約分と通分

ステップ1　14～15ページ

1 ⑴$\frac{10}{15}$，$\frac{16}{24}$，$\frac{40}{60}$

⑵$\frac{12}{16}$，$\frac{21}{28}$，$\frac{27}{36}$，$\frac{48}{64}$

2 ⑴$\frac{20}{36}$　⑵8個《こ》　⑶12個

3 ⑴$\left(\frac{2}{12}, \frac{9}{12}\right)$　⑵$\left(\frac{6}{15}, \frac{4}{15}\right)$

(3) $\left(\frac{20}{24}, \frac{9}{24}, \frac{14}{24}\right)$

4 (1) $\frac{48}{80}$ (2) $\frac{18}{30}$ (3) $\frac{72}{120}$

5 (1) $\frac{22}{28}$ と $\frac{23}{28}$ (2) $\frac{24}{29}$

6 (1)ア…大きい イ…小さい

(2) $\frac{5}{6} \to \frac{11}{18} \to \frac{7}{12}$

解き方

1 約分すると $\frac{2}{3}$ や $\frac{3}{4}$ 以外の分数になるものは，

$\frac{20}{24}=\frac{5}{6}$，$\frac{20}{25}=\frac{4}{5}$，$\frac{9}{16}$ は約分できません。

2 (1)分子，分母を 4 でわって，$\frac{20}{36}=\frac{5}{9}$ です。

(2)分子が 35 以下で，36 の約数(1，2，3，4，6，9，12，18)のときです。

(3)分子が，1，5，7，11，13，17，19，23，25，29，31，35 の分数です。

3 分母を(1) 12 に，(2) 15 に，(3) 24 にそろえます。

4 (1)分子の 3 を 48 にするために，分子，分母をそれぞれ 16 倍して，$\frac{3\times16}{5\times16}=\frac{48}{80}$

(2)分子と分母の和(3+5=8)を 48 にするために，分子，分母をそれぞれ 6 倍して，

$\frac{3\times6}{5\times6}=\frac{18}{30}$

(3)分子と分母の差(5−3=2)を 48 にするために，分子，分母をそれぞれ 24 倍して，

$\frac{3\times24}{5\times24}=\frac{72}{120}$

5 (1) $\frac{3}{4}=\frac{21}{28}$，$\frac{6}{7}=\frac{24}{28}$ だから，分子は 21 より大きく 24 より小さい，22 または 23 です。

(2) $\frac{4}{5}=\frac{24}{30}$，$\frac{8}{9}=\frac{24}{27}$ だから，分母は 27 より大きく 30 より小さい，28 または 29 です。このうち，約分できないのは，分母が 29 のときです。

6 (2)それぞれ通分すると，$\frac{22}{36}$，$\frac{30}{36}$，$\frac{21}{36}$ となるので，分子の大きい順にならべます。

ステップ2

16~17 ページ

1 (1) $\frac{18}{45}$ (2) $\frac{24}{55}$ (3)6 (4)109

2 (1)3 個 (2) $\frac{5}{6}$

3 (1)1，2，3，4，6，9，12，18，36

(2)8，24，40，120

4 $\frac{55}{88}$ と $\frac{52}{91}$

5 26

6 (1)答え… $\frac{\square+1}{2}$

理由…(例)分母を 4 にそろえると，分子はそれぞれ□×2+2，□×2+1 になるから。

(2)答え… $\frac{\square+1}{\square}$

理由…(例) $\frac{\square+1}{\square}=\frac{\square}{\square}+\frac{1}{\square}=1+\frac{1}{\square}$，

$\frac{\square+2}{\square+1}=\frac{\square+1}{\square+1}+\frac{1}{\square+1}=1+\frac{1}{\square+1}$

だから。

解き方

1 (1) $\frac{2}{5}$ の分母と分子の差は 3 だから，これを 27 にするために，分母と分子をそれぞれ 9 倍して，

$\frac{2\times9}{5\times9}=\frac{18}{45}$

(2)分子を 24 にそろえると，$\frac{3}{7}=\frac{24}{56}$，$\frac{4}{9}=\frac{24}{54}$

だから，求める分数は $\frac{24}{55}$

(3) $\frac{9}{19}$ の分母と分子に同じ数をたしても，分母と分子の差は 10 のまま変わらないから，分母と分子の差が 10 で，約分すると $\frac{3}{5}$ になる分数を求めると，$\frac{3\times5}{5\times5}=\frac{15}{25}$

したがって，たした数は

25−19(または 15−9)=6

(4) $\frac{9}{10}=\frac{99}{110}$，$\frac{11}{12}=\frac{99}{108}$ だから，□=109

2 (1) $\frac{1}{2}=\frac{15}{30}$，$\frac{5}{6}=\frac{25}{30}$ だから，分子は 16 から 24 までの整数です。このうち，約分できないのは，

$\frac{17}{30}$，$\frac{19}{30}$，$\frac{23}{30}$ の 3 個です。

(2)和差算により，分子(小さいほう)は

(132−12)÷2=60，分母(大きいほう)は

(132+12)÷2=72 だから，$\frac{60}{72}=\frac{5}{6}$

3 (1)A は 36 の約数です。

(2)C は 8 の倍数であり，120 の約数でもある

数です。120 の約数 1, 2, 3, 4, 5, 6, 8, 10, 12, 15, 20, 24, 30, 40, 60, 120 の中から 8 の倍数であるものを選びます。

4 約分した後の分数を $\frac{\triangle}{\bigcirc}$ と表すと，分母から分子をひいた差が 3 だから，$\bigcirc-\triangle=3$ です。また，約分する前の分数は，$\frac{\triangle\times\square}{\bigcirc\times\square}$ と表すことができます。約分した後の分母と分子の和は $\bigcirc+\triangle$，約分する前の分母と分子の和は，
$\bigcirc\times\square+\triangle\times\square=\square\times(\bigcirc+\triangle)$ となり，約分した後の分数の「分母と分子の和」の倍数となっていることがわかります。つまり，約分した後の分数の「分母と分子の和」は，約分する前の「分母と分子の和」の約数になっています。よって，143 の約数を考えます。143 の約数は 1, 11, 13, 143 で，このうち $\bigcirc+\triangle$ にあてはまるものは 11, 13 です。
$\bigcirc+\triangle=11$ のとき，$\square=143\div11=13$ で，
$\bigcirc-\triangle=3$ より，$\bigcirc=7$，$\triangle=4$ です。よって，
約分する前の分数は，$\frac{4\times13}{7\times13}=\frac{52}{91}$ です。
また，$\bigcirc+\triangle=13$ のとき，$\square=143\div13=11$ で，
$\bigcirc-\triangle=3$ より，$\bigcirc=8$，$\triangle=5$ です。よって，
約分する前の分数は，$\frac{5\times11}{8\times11}=\frac{55}{88}$ です。

5 $\frac{29}{56}$ の分母と分子から同じ数をひいても，分母と分子の差は 27 のまま変わらないから，分母と分子の差が 27 で，約分すると $\frac{1}{10}$ になる分数を求めると，$\frac{1\times3}{10\times3}=\frac{3}{30}$
したがって，ひいた数は
56－30(または 29－3)＝26

4 分数のたし算とひき算

ステップ 1・2　18~19 ページ

1 (1) $1\frac{7}{8}$ m　(2) $2\frac{1}{3}$ m

2 $1\frac{1}{2}$ km

3 $\frac{35}{36}$ L

4 $4\frac{1}{4}$ m

5 はな子さんのリボンのほうが $\frac{1}{8}$ m 長い

6 $\frac{17}{30}$ kg

7 (1) $3\frac{17}{20}$ km　(2) $\frac{7}{20}$ km　(3) $1\frac{19}{20}$ km

解き方

1 (1) $\frac{3}{8}+1\frac{1}{2}=\frac{3}{8}+1\frac{4}{8}=1\frac{7}{8}$

(2) $\frac{5}{6}+1\frac{1}{2}=\frac{5}{6}+1\frac{3}{6}=1\frac{8}{6}=2\frac{2}{6}=2\frac{1}{3}$

2 $\frac{5}{6}+\frac{2}{3}=\frac{5}{6}+\frac{4}{6}=\frac{9}{6}=\frac{3}{2}\left(=1\frac{1}{2}\right)$

ここに注意 答えは仮分数のままでもかまいませんが，帯分数に直すと大きさがわかりやすいです。

3 $\frac{2}{9}+\frac{3}{4}=\frac{8}{36}+\frac{27}{36}=\frac{35}{36}$

4 $1\frac{3}{8}+1\frac{3}{8}+\frac{3}{4}+\frac{3}{4}=1\frac{3}{8}+1\frac{3}{8}+\frac{6}{8}+\frac{6}{8}$
$=2\frac{18}{8}=4\frac{2}{8}=4\frac{1}{4}$
※分数のかけ算を知っていれば，
$\left(1\frac{3}{8}+\frac{3}{4}\right)\times2=2\frac{1}{8}\times2=4\frac{1}{4}$ と計算します。

5 $\frac{3}{4}=\frac{6}{8}$ だから，はな子さんのリボンのほうが
$\frac{6}{8}-\frac{5}{8}=\frac{1}{8}$(m)長いことがわかります。

6 $\frac{9}{10}-\frac{1}{3}=\frac{27}{30}-\frac{10}{30}=\frac{17}{30}$

7 (1) $2\frac{1}{10}+1\frac{3}{4}=2\frac{2}{20}+1\frac{15}{20}=3\frac{17}{20}$

(2) $2\frac{1}{10}-1\frac{3}{4}=2\frac{2}{20}-1\frac{15}{20}=1\frac{22}{20}-1\frac{15}{20}=\frac{7}{20}$

(3)ポストの前を通って行く道のりは，
$\frac{1}{2}+1\frac{2}{5}=\frac{5}{10}+1\frac{4}{10}=1\frac{9}{10}$(km)だから，道のりは，$3\frac{17}{20}-1\frac{9}{10}=2\frac{37}{20}-1\frac{18}{20}=1\frac{19}{20}$(km)
短くなります。

5 分数のかけ算とわり算

ステップ 1・2　20~21 ページ

1. $1\frac{7}{8}$m
2. $22\frac{1}{2}\text{cm}^2$
3. $\frac{2}{3}$kg
4. 32kg
5. $\frac{17}{28}$m
6. $21\frac{1}{3}\text{m}^2$
7. 5 本できて，$\frac{1}{6}$m あまる
8. (1)$1\frac{1}{4}$L　(2)10 回
9. 16 倍
10. $\frac{12}{5}$

解き方

1. 分数のかけ算は，分子どうし，分母どうしをかけます。
$\frac{3}{8}\times5=\frac{3}{8}\times\frac{5}{1}=\frac{3\times5}{8\times1}=\frac{15}{8}\left(=1\frac{7}{8}\right)$
2. 帯分数は仮分数に直して計算します。また，計算のとちゅうで約分できるときは，先に約分しておきます。
$6\times3\frac{3}{4}=\frac{\overset{3}{\cancel{6}}}{1}\times\frac{15}{\underset{2}{\cancel{4}}}=\frac{3\times15}{1\times2}=\frac{45}{2}\left(=22\frac{1}{2}\right)$
3. 分数のわり算は，わる数の分母と分子を入れかえた分数をかけます。
$5\frac{1}{3}\div8=\frac{\overset{2}{\cancel{16}}}{3}\times\frac{1}{\underset{1}{\cancel{8}}}=\frac{2\times1}{3\times1}=\frac{2}{3}$
4. $\frac{5}{6}\times8=\frac{5}{\underset{3}{\cancel{6}}}\times\frac{\overset{4}{\cancel{8}}}{1}=\frac{5\times4}{3\times1}=\frac{20}{3}\left(=6\frac{2}{3}\right)$
$6\frac{2}{3}+1\frac{1}{3}=7\frac{3}{3}=8,\ 8\times4=32$
5. $5-\frac{3}{4}=4\frac{1}{4},\ 4\frac{1}{4}\div7=\frac{17}{4}\times\frac{1}{7}=\frac{17}{28}$
6. $4\frac{4}{5}\times4\frac{4}{9}=\frac{\overset{8}{\cancel{24}}}{\underset{1}{\cancel{5}}}\times\frac{\overset{8}{\cancel{40}}}{\underset{3}{\cancel{9}}}=\frac{8\times8}{1\times3}=\frac{64}{3}=21\frac{1}{3}$
7. $12\frac{2}{3}\div2\frac{1}{2}=\frac{38}{3}\div\frac{5}{2}=\frac{38}{3}\times\frac{2}{5}=\frac{76}{15}=5\frac{1}{15}$
$12\frac{2}{3}-2\frac{1}{2}\times5=12\frac{2}{3}-\frac{25}{2}=12\frac{4}{6}-12\frac{3}{6}=\frac{1}{6}$
より，5 本できて $\frac{1}{6}$m あまります。

ここに注意　わり算のあまりは，
(わられる数)−(わる数)×(商)で求めます。
$\frac{1}{15}$ はあまりではなく，「$2\frac{1}{2}$m の $\frac{1}{15}$ があまる」ということです。

8. (1)$2-\frac{3}{20}\times5=2-\frac{3}{4}=1\frac{1}{4}$
(2)$1\frac{1}{4}\div\frac{1}{8}=\frac{5}{\underset{1}{\cancel{4}}}\times\frac{\overset{2}{\cancel{8}}}{1}=\frac{5\times2}{1\times1}=\frac{10}{1}=10$
9. $12\div\frac{3}{4}=\frac{\overset{4}{\cancel{12}}}{1}\times\frac{4}{\underset{1}{\cancel{3}}}=\frac{4\times4}{1\times1}=\frac{16}{1}=16$

ここに注意　「A は B の何倍ですか？」という問いに対しては，A÷B を計算します。

10. 求める分数を $\frac{\triangle}{\square}$ とすると，
$4\frac{1}{6}\times\frac{\triangle}{\square}=\frac{25}{6}\times\frac{\triangle}{\square}$ が整数になるから，6 は△と約分されて 1 になり，□は 25 と約分されて 1 になるはずです。同じように，
$3\frac{3}{4}\times\frac{\triangle}{\square}=\frac{15}{4}\times\frac{\triangle}{\square}$ が整数になるから，4 は△と約分されて 1 になり，□は 15 と約分されて 1 になるはずです。このことから，□は 25 と 15 の公約数で，△は 6 と 4 の公倍数であることがわかります。しかも，$\frac{\triangle}{\square}$ が最も小さい分数になるためには，□はできるだけ大きく，△はできるだけ小さいほうがよいので，□は 25 と 15 の最大公約数で，△は 6 と 4 の最小公倍数です。したがって，□=5，△=12 より，求める分数は $\frac{12}{5}$ になります。

1~5 ステップ 3　22~23 ページ

1. (1)36　(2)840　(3)$\frac{135}{216}$　(4)2017
(5)$\frac{41}{40}$　(6)$\frac{5}{6}$　(7)40 個《こ》
2. (1)40 個　(2)25 個　(3)5 個　(4)20 個
3. 正方形の 1 辺の長さ…210cm
長方形の紙…35 まい
4. $\frac{130}{21}$
5. (1)$\frac{13}{56}$　(2)$\frac{45}{28}$

解き方

1 (1)
$$\begin{array}{r|rr} 2 & 360 & 756 \\ 2 & 180 & 378 \\ 3 & 90 & 189 \\ 3 & 30 & 63 \\ & 10 & 21 \end{array}$$
最大公約数…2×2×3×3=36

(2)15と21の最小公倍数は105だから，105と24の最小公倍数を求めて840です。

(3)$\frac{5}{8}$の分母と分子の和は13だから，これを351にするために，分母，分子を351÷13=27(倍)して，$\frac{5\times27}{8\times27}=\frac{135}{216}$

(4)3でわると1あまり，5でわると2あまる数のうち最も小さい数は7で，以後，このような数は7，22，37，……のように15おきに現《あらわ》れるので，(2019−7)÷15=134あまり9より，2019に最も近い数は，
7+15×134=2017

(5)数AとBのちょうどまん中にある数は
A+(B−A)÷2=A−A÷2+B÷2
=A÷2+B÷2=(A+B)÷2となります。
$\left(0.8+\frac{5}{4}\right)\div2=\left(\frac{4}{5}+\frac{5}{4}\right)\div2=\frac{41}{20}\times\frac{1}{2}=\frac{41}{40}$

(6)4つの分数のうち，最も小さい分数を最も大きい分数でわって，
$\frac{10}{9}\div\frac{4}{3}=\frac{10}{9}\times\frac{3}{4}=\frac{5}{6}$

(7)100=2×2×5×5だから，約分できないのは，分子が2の倍数でも5の倍数でもないときです。1から99までの整数の中に，2の倍数は99÷2=49あまり1より49個，5の倍数は99÷5=19あまり4より19個，2と5の公倍数(10の倍数)は
99÷10=9あまり9より9個あるから，2または5の倍数は
49+19−9=59(個)
したがって，2の倍数でも5の倍数でもない数は，99−59=40(個)

2 (1)200÷5=40より，40個です。
(2)200÷8=25より，25個です。
(3)200÷40=5より，5個です。
(4)25個ある8の倍数のうち，5の倍数でもあるものが5個あるから，25−5=20(個)

3 正方形の1辺の長さは，30と42の最小公倍数で210cmです。このとき，長方形の紙はたてに7まい，横に5まいならぶので，
7×5=35(まい)使います。

4 求める分数を$\frac{\triangle}{\square}$とすると，□は105と147の最大公約数で21，△は26と65の最小公倍数で130だから，求める分数は$\frac{130}{21}$です。(本さつ21ページの**10**を参照)

5 (1)$\frac{1}{7}$と$\frac{1}{2}$の間かくは$\frac{1}{2}-\frac{1}{7}=\frac{5}{14}$だから，これを4等分して，5個の数の1つの間かくの大きさは，$\frac{5}{14}\div4=\frac{5}{56}$とわかります。したがって，3個の数のうち最も小さい数は，
$\frac{1}{7}+\frac{5}{56}=\frac{13}{56}$

(2)5個の数は等しい間かくでならんでいるので，その和はまん中の数×5だから，
$\left(\frac{1}{7}+\frac{1}{2}\right)\div2\times5=\frac{45}{28}$

6 小数のかけ算とわり算

ステップ1·2　24~25ページ

1 (1)272円 (2)19.8m^2 (3)3.705g
2 (1)64kg (2)38.4kg
3 (例)1さつの厚《あつ》さが1.2cmの本を12さつ積み上げると，高さは何cmになりますか。
4 (1)1.8dL (2)80kg (3)11.5m
5 (1)2.5kg (2)0.4m
6 (1)8個《こ》
(2)9個できて0.15Lあまる

解き方

1 (1)80×3.4=272(円)

> **ここに注意** 1mあたり80円のリボンは，3m買うと，80×3=240(円)で，4m買うと，80×4=320(円)ですから，3.4m買ったときの代金は，240円よりも高く，320円よりも安いはずです。その代金を正確《せいかく》に計算する式が，80×3.4=272です。

(2)3.6×5.5=19.8(m^2)
(3)まず，1mあたりの重さを計算すると，
5.7÷2=2.85(g)だから，1.3mの重さは，
2.85×1.3=3.705(g)

2 (1)40×1.6=64(kg)
(2)64×0.6=38.4(kg)

ここに注意 40kg の 1.6 倍は，40kg の 1 倍より重く，40kg の 2 倍よりは軽い重さです。その重さを正確に計算する式が，40×1.6＝64 です。

3 「マンガの本が 12 さつあります。1 さつ読むのに 1.2 時間かかるとすると，12 さつ全部を読むのに何時間かかりますか。」のように，いろいろと考えられます。

4 (1) $1m^2$ のかべをぬるのに必要なペンキの量を□dL とすると，□×0.7＝1.26 より，
□＝1.26÷0.7＝1.8
(2)お父さんの体重を□ kg とすると，
□×0.35＝28 より，□＝28÷0.35＝80
(3)横の長さを□ m とすると，9.6×□＝110.4 より，□＝110.4÷9.6＝11.5

5 (1)4.5÷1.8＝2.5(kg)
(2)1.8÷4.5＝0.4(m)

ここに注意 1m あたりの重さを求めるときは重さを長さでわります。また，1kg あたりの長さを求めるときは，長さを重さでわります。

6 (1)2.4÷0.3＝8(個)
(2)2.4÷0.25＝9 あまり 0.15 より，9 個できて 0.15L あまります。

7 平均

ステップ 1　26~27 ページ

1 4 さつ
2 (1)57g
(2)およそ 1.71kg
(3)およそ 35 個《こ》
3 35.2kg
4 (1)136 点　(2)68 点　(3)74 点
5 (1)312 点　(2)82.4 点　(3)88 点
6 (式) 18＋6＋3＋20＋15＋2＝64
3＋1＋10＝14
64－14＝50
50÷10＝5，2000＋5＝2005
(答え) 2005

解き方

1 6 人が読んだ本のさっ数の合計は，
3＋5＋2＋8＋0＋6＝24(さつ)だから，1 人平《へい》均《きん》のさっ数は，24÷6＝4(さつ)

ここに注意 こうじさんの読んだ本のさっ数は 0 さつですが，平均を計算するときは，0 さつの人も人数に入れて計算することが必要です。

2 (1)4 個のたまごの重さの合計は，
54＋60＋55＋59＝228(g)だから，1 個平均の重さは，228÷4＝57(g)

ここに注意 仮平均《かりへいきん》の考え方を使った求め方
50 を仮平均として，50 を 0 とみると，
「54，60，55，59」→「4，10，5，9」
4，10，5，9 の平均は，(4＋10＋5＋9)÷4＝7
仮平均とした 50 に 7 をたして，50＋7＝57

(2)57×30＝1710(g)＝1.71(kg)と考えられます。
(3)2kg は 2000g だから，2000÷57＝35.08……より，35 個

3 クラス全体の体重の平均は，クラス全体の体重の合計を，クラス全体の人数でわって求めます。
男子の体重の合計は，36.0×14＝504(kg)，
女子の体重の合計は，34.5×16＝552(kg)だから，クラス全体の体重の合計は，
504＋552＝1056(kg)
これを 14＋16＝30(人)でわって，クラス全体の体重の平均は，
1056÷30＝35.2(kg)

4 (1)A と B の平均点が 68 点だから，合計点は
68×2＝136(点)
(2)A＋B＝136(点)と同様に，
B＋C＝65×2＝130(点)，
A＋C＝71×2＝142(点)
よって，136＋130＋142＝408(点)が，
A＋B＋C の 2 倍の点数だから，
A＋B＋C＝408÷2＝204(点)です。これより，A と B と C の平均点は 204÷3＝68(点)
(3)A＋B＋C＝204(点)，B＋C＝130(点)より，
A の得点《とくてん》は，204－130＝74(点)

5 (1)78×4＝312(点)
(2)5 回目で 100 点を取ると，5 回のテストの合計点が 312＋100＝412(点)になるので，平均点は 412÷5＝82.4(点)
(3)5 回の平均点が 80 点以上になるためには，5 回の合計点が 80×5＝400(点)以上にならなければいけません。4 回で 312 点だから，5 回目に 400－312＝88(点)以上取ればよいことになります。

6 2000 に近い 10 個の数の平均だから，2000 を仮平均として，2000 より多い部分の合計が 64，2000 より少ない部分の合計が 14 より，64－14＝50 の平均を計算し，2000 に加えます。

ステップ 2

28~29 ページ

1 (1)85 点 (2)140cm (3)82 点
(4)157.3cm (5)19 人
2 (1)162 点 (2)84 点
3 492kg
4 (1)11 点 (2)16 人
5 75 点

解き方

1 (1)国語＋社会＋理科＝77×3＝231(点)，
国語＋社会＋理科＋算数＝79×4＝316(点)
より，算数の点数は，316－231＝85(点)
(2)A＋B＝134×2＝268(cm)，
C＋D＋E＝144×3＝432(cm)より，
A＋B＋C＋D＋E＝268＋432＝700(cm)だから，平均は，700÷5＝140(cm)
(3)クラス全員の合計点は
81.1×40＝3244(点)，
男子 18 人の合計点は 80×18＝1440(点)
だから，女子 22 人の合計点は，
3244－1440＝1804(点)です。したがって，平均点は，1804÷22＝82(点)
(4)A＋B＋C＋D＝151.3×4＝605.2(cm)，
A＋B＋C＋D＋E＝(151.3＋1.2)×5
＝762.5(cm)だから，E＝762.5－605.2
＝157.3(cm)
(5)最高点の 1 人をのぞいたクラスの人数を□人とすると，クラスの合計点は，
59× □ ＋97(点)ともいえるし，
61×□＋61(点)ともいえます。
したがって，59×□＋97＝61×□ ＋61 より，
2×□が 36 と等しいことがわかり，
□ ＝18 とわかります。これより，クラスの人数は，18＋1＝19(人)
別解 最高点の 1 人の点数はほかの人の平均点より 97－59＝38(点)高く，この 38 点が，クラス全体の平均点を 61－59＝2(点)上げた原因《げんいん》だから，クラスの人数は
38÷2＝19(人)
2 (1)81×2＝162(点)
(2)4 教科の合計点は 82.5×4＝330(点)だから，
理科と社会の合計点は，
330－162＝168(点)
したがって，平均は，168÷2＝84(点)
3 5 か月間の平均は，
37＋42＋45＋38＋43＝205，205÷5＝41
より 41kg だから，1 年間(＝12 か月間)では
41×12＝492(kg)食べることになります。
4 (1)1 問目と 2 問目の得点の合計は，
(3.8＋7.2)×25＝275(点)だから，
275÷25＝11(点)
(2)1 問目を正解《せいかい》した人の数は，
3.8×25÷5＝19(人)，
2 問目を正解した人の数は，
7.2×25÷10＝18(人)，
2 問とも不正解の人の数が 4 人だから，2 問とも正解した人は，
19＋18＋4－25＝16(人)
5 A，B，C，D，E の 5 人の平均点を□点とすると，5 人の合計点は(□×5)点です。また，A と B の合計点は 120 点，C と D と E の合計点は
(□＋10)×3＝(□×3＋30)点だから，5 人の合計点は(□×3＋150)点と表すこともできます。これより，150 点は(□×2)点を表すことがわかり，□＝150÷2＝75(点)

8 単位量あたりの大きさ

ステップ 1

30~31 ページ

1 (1)北公園…0.8 人，南公園…0.625 人
(2)北公園…1.25m²，南公園…1.6m²
(3)北公園
2 (1)白の布地《ぬのじ》…660 円，黒の布地…650 円
(2)黒の布地 (3)黒の布地
3 (1)A 市…3372 人，B 市…3520 人，
C 市…3425 人
(2)B 市→C 市→A 市
4 (1)B (2)315 まい (3)6 分
(4)1425 まい

解き方

1 (1)北公園…12÷15＝0.8(人)
南公園…15÷24＝0.625(人)
(2)北公園…15÷12＝1.25(m²)
南公園…24÷15＝1.6(m²)

(3) $1m^2$ あたりの子どもの数が，北公園の方が多いので，北公園の方が混《こ》んでいます。

2 (1)白の布地…1980÷3＝660(円)

黒の布地…2600÷4＝650(円)

(2)1m あたりのねだんで比べて，黒の布地の方が安いといえます。

(3)黒の布地の方が安いのだから，同じ金額《きんがく》で買うことのできる長さは長いです。

3 (1)A 市…84300÷25＝3372(人)

B 市…35200÷10＝3520(人)

C 市…109600÷32＝3425(人)

(2)人口密度《じんこうみつど》の高い順にならべると，B 市→C 市→A 市です。

4 (1)1 分あたりに印刷できるまい数は，

A…135÷6＝22.5(まい)，

B…200÷8＝25(まい)

したがって，B のプリンターのほうがはやく印刷できます。

(2)22.5×14＝315(まい)

(3)150÷25＝6(分)

(4)1 分間に，22.5＋25＝47.5(まい)印刷することができるから，47.5×30＝1425(まい)

ステップ 2

32~33 ページ

1 東小学校

理由…(例)児童1人あたりの面積を計算すると，東小学校は 1800÷360＝5(m^2)，西小学校は 2000÷425＝4.70……(m^2) だから，東小学校のほうが児童数のわりに運動場が広い。

2 (1)A…17.5km，B…16km

(2)A…57mL，B…63mL

(3)490km

(4)25L

3 520 人

4 (1)7.8g　(2)3744g　(3)$20cm^3$

5 625 本

6 2400 円

解き方

2 (1)A…700÷40＝17.5(km)，

B…960÷60＝16(km)

(2)A…40000÷700＝57.1…→ 57mL

B…60000÷960＝62.5 → 63mL

(3)17.5×28＝490(km)

(4)400÷16＝25(L)

3 B 町の人口は，715×72＝51480(人)だから，A 町と B 町が合ぺいした C 市の人口は，16120＋51480＝67600(人)，面積は 58＋72＝130(km^2)だから，人口密度は，67600÷130＝520(人)

4 (1)立方体の体積は，5×5×5＝125(cm^3)だから，$1cm^3$ あたりの重さは，

975÷125＝7.8(g)

(2)直方体の体積は，8×12×5＝480(cm^3)だから，重さは，7.8×480＝3744(g)

(3)156÷7.8＝20(cm^3)

5 ネジ 1 本あたりの重さは，24÷5＝4.8(g)だから，3kg(＝3000g)の本数は，

3000÷4.8＝625(本)

6 ぶた肉 1g あたりのねだんは，

360÷300＝1.2(円)だから，2kg(＝2000g)では，

1.2×2000＝2400(円)

6～8 ステップ 3

34~35 ページ

1 (1)20　(2)570　(3)6　(4)2500

2 (1)15500 円　(2)150 さつ

3 (1)79 点　(2)68 点　(3)75 点

4 94

5 46L

6 500 円

解き方

1 (1)A＋B＋C＝15×3＝45，

B＋C＋D＝13×3＝39，

D＋E＝17×2＝34 です。

これより，A＋B＋C＋D＋E＝45＋34＝79 です。すると，A＋E＝79－39＝40 だから，平均《へいきん》は 40÷2＝20

(2)2600000÷4600＝565.2……より，上から 2 けたのがい数で表すと，$1km^2$ あたり 570 人

(3)もし，次のテストで 78 点を取れば，平均は 78 点のままです。92 点を取ったとすると，78 点より多い 14 点分が，次のテストをふくめた○回のテストに平均されて，平均点が 80－78＝2(点)アップします。したがって，○＝14÷2＝7 とわかるので，今までに受けたテストの回数は，

7－1＝6(回)

(4) 1まいあたりの重さは，
37.2÷60＝0.62(g)
1.55kg(＝1550g)のまい数は，
1550÷0.62＝2500(まい)

2 (1)250さつのうち，100さつまでは8000円で，それをこえた150さつについては1さつ50円だから，費用《ひよう》は，
8000＋50×150＝15500(円)

(2)1さつにつき70円を基準《きじゅん》に考えると，最初の100さつで8000－70×100＝1000(円)多く費用がかかっています。101さつ目からは，1さつにつき70－50＝20(円)ずつ費用が少なくてすむので，1000÷20＝50(さつ)で1000円多かった分がなくなり，全体の平均が70円になります。したがって，100＋50＝150(さつ)以上注文すればよいことになります。

3 (1)(2)水曜日が70点であることをもとに，表を作りかえると次のようになります。

曜日	月	火	水	木	金
点数	68	75	70	83	79

(3)(68＋75＋70＋83＋79)÷5＝75(点)

4 3つの数の平均は90で，そのうち2つの数の平均は89だから，もう1つの数は，
90×3－89×2＝92とわかります。もし，92がいちばん大きい数だとすると，いちばん小さい数は92－10＝82になり，まん中の数は，90×3－(92＋82)＝96となるので，92がいちばん大きい数であることに反します。もし，92がいちばん小さい数だとすると，いちばん大きい数は92＋10＝102になり，まん中の数は，90×3－(92＋102)＝76となるので，92がいちばん小さい数であることに反します。したがって，92はまん中の数で，いちばん大きい数といちばん小さい数の和は，
90×3－92＝178です。これより，和差算によって，いちばん大きい数は，
(178＋10)÷2＝94

5 車は50km走行するのに，30－26＝4(L)のガソリンを使っているので，200km走行するには4倍の16Lのガソリンを使った計算になります。したがって，家を出るときに入っていたガソリンの量は，30＋16＝46(L)

6 こう茶A200gとこう茶B300gを混《ま》ぜた500gのこう茶のねだんは，
420×5＝2100(円)
このうち，こう茶A200gのねだんは
300×2＝600(円)だから，こう茶B300gのねだんは2100－600＝1500(円)とわかります。したがって，こう茶B100gのねだんは，
1500÷3＝500(円)

9 割合

ステップ1

36~37ページ

1 (1)小数…0.6，分数…$\frac{3}{5}$，百分率《ひゃくぶんりつ》…60%，
歩合《ぶあい》…6割《わり》

(2)小数…0.4，分数…$\frac{2}{5}$，百分率…40%，
歩合…4割

2 (1)1.2%　(2)60人　(3)1300円

3 (1)105　(2)20　(3)1500
(4)1600　(5)25

4 (1)1800円　(2)40%

解き方

1 割合《わりあい》を求めるときは，(割合を求めたい数量)を(もとにする数量)でわって求めます。割合は小数や分数になることが多く，それをわかりやすく表すために百分率(%)や歩合がよく用いられます。1%は割合の0.01を，1割は割合の0.1を表します。

(1)24÷40＝0.6＝$\frac{3}{5}$＝60%＝6割

(2)16÷40＝0.4＝$\frac{2}{5}$＝40%＝4割

> **ここに注意** (割合)＝(割合を求めたい数量)÷(もとにする数量)で求める。

2 (1)6÷500＝0.012より，1.2%

(2)(割合を求めたい数量)＝(もとにする数量)×(割合)で計算します。25%＝0.25だから，
240×0.25＝60より，60人

(3)(もとにする数量)＝(割合を求めたい数量)÷(割合)で計算します。60%＝0.6だから，
780÷0.6＝1300より，1300円

> **ここに注意** (割合を求めたい数量)＝(もとにする数量)×(割合)
> (もとにする数量)＝(割合を求めたい数量)÷(割合)

3 (1)700×0.15＝105(g)
(2)30÷150×100＝20(%)
(3)600÷0.4＝1500(円)
(4)4000×0.4＝1600(円)
(5)5÷20×100＝25(%)

4 (1)$3000\times\frac{3}{5}$＝1800(円)
(2)はじめに持っていたお金の$\frac{3}{5}$＝0.6＝60%を使ったのだから，残っているお金は
100－60＝40(%)

ステップ2　38~39 ページ

1 (1)6人 (2)18%
2 (1)300本 (2)135本
3 (1)1760円 (2)240円
4 (1)2m (2)1割6分
5 (1)540円 (2)560円 (3)750円
6 (1)700個《こ》 (2)12%

解き方

1 (1)120人の5%がめがねをかけているので，
120×0.05＝6(人)
(2)男子でめがねをかけている人は130×0.3＝39(人)だから，めがねをかけている人は男女あわせて6+39＝45(人)います。生徒全体の数は130+120＝250(人)なので，その割合は，45÷250×100＝18(%)

2 (1)白いチューリップは165本ありますが，これはチューリップ全体の100－45＝55(%)にあたります。したがって，チューリップは全部で，165÷0.55＝300(本)
(2)300×0.45＝135(本)
(または，300－165＝135[本])

3 (1)下じきを買ったあとに残ったお金の$\frac{3}{4}$が1320円だから，残ったお金は，
$1320\div\frac{3}{4}$＝1760(円)
(2)1760円は，最初に持っていたお金の100－12＝88(%)にあたります。これより，最初に持っていたお金は
1760÷0.88＝2000(円)とわかります。下じきのねだんはその12%だから，
2000×0.12＝240(円)

4 (1)はじめに落とした高さの40%が80cmだから，80÷0.4＝200(cm)＝2(m)
(2)2回目にはね上がる高さは，80×0.4＝32(cm)だから，これははじめに落とした高さの，
32÷200＝0.16＝1割6分

5 (1)「定価《ていか》の1割引き」というのは「定価の9割」ということだから，600×0.9＝540(円)
※定価の1割は600×0.1＝60(円)だから，600－60＝540(円)としてもよいですが，2だんかいの計算をすることになるので，
600×0.9＝540(円)と計算するようにしましょう。
(2)「定価の3割引き」というのは「定価の7割」ということだから，800×0.7＝560(円)
(3)「定価の1割引き」と「定価の3割引き」では，定価の2割の分だけねだんがちがいます。それが150円だから，定価は，
150÷0.2＝750(円)

6 (1)「40%増《ふ》えた」というのは「140%になった」ということだから，500×1.4＝700(個)です。これも**5**の(2)と同様に，500×0.4＝200，500+200＝700(個)と計算するのではなく，500×1.4＝700(個)と計算するようにしましょう。
(2)土曜日の売上金額《きんがく》は，60×500＝30000(円)です。日曜日は1個のねだんが
60×(1－0.2)＝48(円)で，700個売れたから，売上金額は48×700＝33600(円)です。
33600÷30000＝1.12より，日曜日の売上金額は土曜日の112%にあたるので，増えた分は12%

10 割合のグラフ

ステップ1·2　40~41 ページ

1 (1)北海道…29%，九州…20%
(2)43.2° (3)4.95cm
(4)
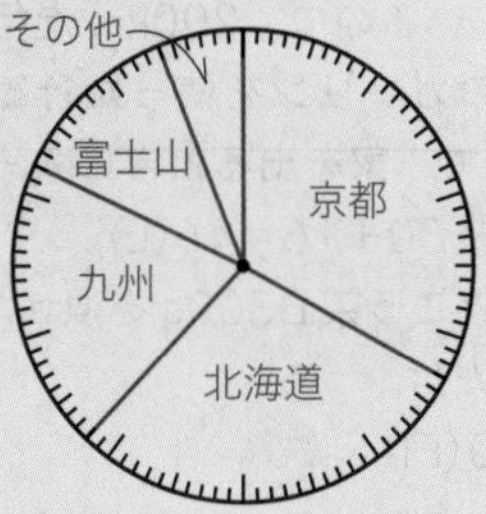

(5)

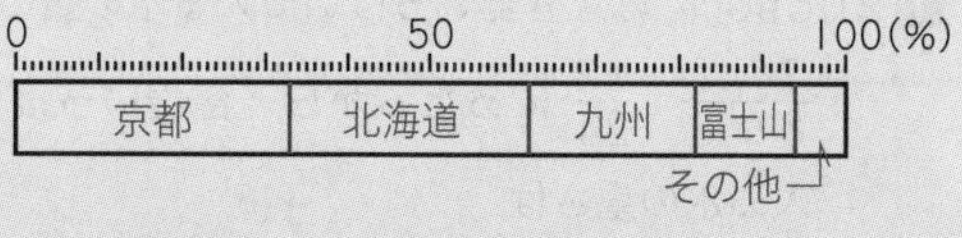

2 (1)2000 さつ　(2)360 さつ

3 (1)1140 億円　(2)9 倍

(3)正しくない

理由…(例)割合《わりあい》は約半分になっているが，もとになる数量がちがうので，生産《せいさん》額《がく》が約半分になっているとはいえない。

解き方

1 (1)北海道の割合は，

58÷200×100＝29(%)

九州の割合は，40÷200×100＝20(%)

(2)富士山の割合は 24÷200＝0.12 だから，円グラフに表したときの中心角は，

360°×0.12＝43.2°

(3)京都の割合は 66÷200＝0.33 だから，

15×0.33＝4.95(cm)

(4)円グラフをかくときは，時計の 12 時の位置から始めて，時計回りに割合の大きい順におうぎ形で区切っていきます。「その他」を表す部分は，割合が大きくてもいちばん最後にします。

(5)帯《おび》グラフも円グラフと同じで，左から割合の大きい順に区切っていきます。「その他」を表す部分は，割合が大きくてもいちばん最後にします。

ここに注意　右の図のような，2 本の半径で分けられた円の一部分をおうぎ形といい，2 本の半径でできる角を中心角といいます。

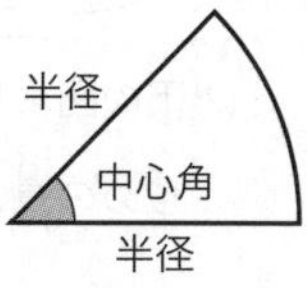

2 (1)文学の本は全体の 40%で，それが 800 さつだから，本は全部で，

800÷0.4＝2000(さつ)

(2)自然科学の割合は，

100－(40＋18＋24)＝18(%)だから，

2000×0.18＝360(さつ)

3 (1)1.9 兆円の 6%だから，19000 億円の 6%と考えて，19000×0.06＝1140(億円)

(2)1960 年は 19000 億円の 15.2 % で 2888 億円，2011 年は 82000 億円の 30.9 % で 25338 億円として，25338÷2888＝8.77…より，約 9 倍

(3)割合だけの数値を見てはいけません。もとになる数量がことなれば，同じ割合でも数量はことなります。

11 相当算

ステップ 1

42~43 ページ

1 (1)$\frac{7}{12}$　(2)144 ページ

2 (1)3%　(2)660 人

3 (1)6kg　(2)1.5kg

4 (1)長いぼう…$\frac{7}{3}$，短いぼう…$\frac{3}{2}$

(2)1.2m

5 (1)30cm　(2)140cm

6 14 人

解き方

1 (1)きのうは $\frac{1}{4}$ を，今日は残り$\left(=\frac{3}{4}\right)$の $\frac{4}{9}$，つまり，$\frac{3}{4}\times\frac{4}{9}=\frac{1}{3}$を読んだのだから，2 日間で，

$\frac{1}{4}+\frac{1}{3}=\frac{7}{12}$を読んだことになります。

(2)まだ読んでいないページの割合《わりあい》は，

$1-\frac{7}{12}=\frac{5}{12}$

これが 60 ページだから，全体のページ数は，

$60\div\frac{5}{12}=144$(ページ)

ここに注意　全体の一部分にあたる数量と，その割合がわかっているとき，

(全体の数量)＝(一部分の数量)÷(割合)で全体の数量を求める計算を「相当算」といいます。

2 (1)下の図のように，36 人は，100－(45＋52)＝3(%)にあたります。

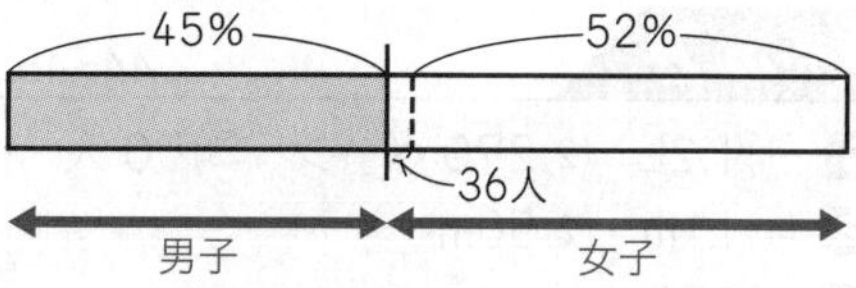

(2)36 人が生徒全体の 3%にあたるから，生徒全体の数は，36÷0.03＝1200(人)

女子生徒の数は，

1200×0.52＋36＝660(人)

3 (1)$6.3-3.5=2.8$(kg)が，容器《ようき》いっぱいに入る水の重さの $\frac{4}{5}-\frac{1}{3}=\frac{7}{15}$ にあたるから，容器いっぱいに入る水の重さは

$2.8\div\frac{7}{15}=6$(kg)

(2)$6.3-6\times\frac{4}{5}=6.3-4.8=1.5$(kg)

4 (1)右の図より，長いぼうの長さは

$\frac{1}{3}\times7=\frac{7}{3}$

短いぼうの長さは

$\frac{1}{2}\times3=\frac{3}{2}$

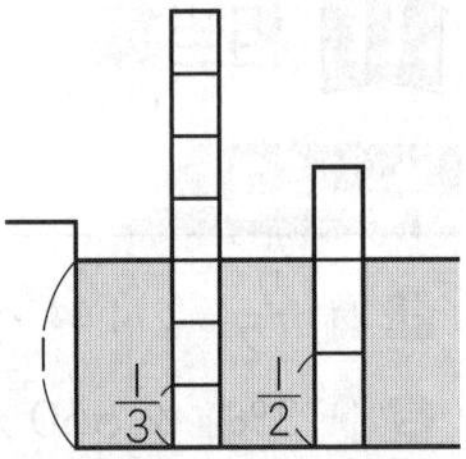

(2)2 本のぼうの長さの差は，プールの深さの $\frac{7}{3}-\frac{3}{2}=\frac{5}{6}$ で，これが 1m だから，プールの深さは，$1\div\frac{5}{6}=\frac{6}{5}=1.2$(m)

5 (1)落とした高さは，$36\div\frac{3}{5}=60$(cm)だから，ボール B は $60\times\frac{1}{2}=30$(cm)はね上がります。

(2)A が 2 回目にはね上がる高さは落とした高さの $\frac{3}{5}\times\frac{3}{5}=\frac{9}{25}$ で，B が 2 回目にはね上がる高さは落とした高さの $\frac{1}{2}\times\frac{1}{2}=\frac{1}{4}$ だから，その差は落とした高さの $\frac{9}{25}-\frac{1}{4}=\frac{11}{100}$ にあたります。これが 15.4cm だから，落とした高さは，$15.4\div\frac{11}{100}=140$(cm)

6 めがねをかけている男子の割合は，全生徒数の $\frac{1}{5}\times\left(1-\frac{2}{7}\right)=\frac{1}{7}$で，これが 35 人だから，全生徒数は，$35\div\frac{1}{7}=245$(人)です。したがって，めがねをかけている女子は，

$245\times\frac{1}{5}\times\frac{2}{7}=14$(人)

ステップ 2　44~45 ページ

1 (1)1.2L　(2)270 ページ　(3)50 人
2 (1)11m　(2)50m
3 (1)252 人
(2)男子…135 人，女子…117 人
4 (1)350 円　(2)4400 円
5 (1)35%　(2)720 票　(3)180 票

解き方

1 (1)650mL は，容器いっぱいに入る水の量の $\frac{7}{8}-\frac{1}{3}=\frac{13}{24}$ にあたるから，容器いっぱいに入る水の重さは，

$650\div\frac{13}{24}=1200(mL)=1.2$(L)

(2)1 日目に読んだページ数は全体の $\frac{3}{5}$，2 日目に読んだページ数は全体の $\left(1-\frac{3}{5}\right)\times\frac{1}{4}=\frac{1}{10}$ だから，2 日間で全体の $\frac{3}{5}+\frac{1}{10}=\frac{7}{10}$ を読んだことになり，残っているページは全体の $\frac{3}{10}$ です。これが 81 ページだから，全体のページ数は，$81\div\frac{3}{10}=270$(ページ)

(3)自転車で登校している男子の人数はクラスの人数の $\frac{2}{5}\times\frac{3}{4}=\frac{3}{10}$

クラスの人数は，$15\div\frac{3}{10}=50$(人)

2 (1)下の図より，次郎《じろう》さんが取った残りの $\frac{1}{4}$ が $2+1=3$(m)であることがわかるので，次郎さんが取った残りは $3\div\frac{1}{4}=12$(m)です。したがって，三郎《さぶろう》さんが取ったのは

$12\times\frac{3}{4}+2=11$(m)

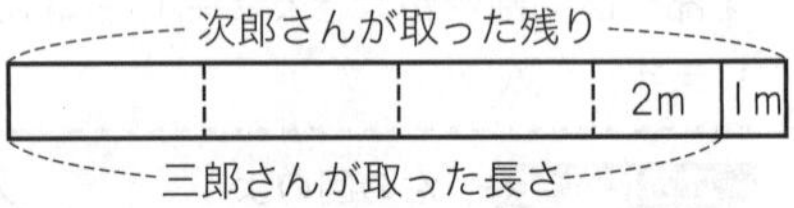

(2)下の図より，$9\times3=27$，$27+3=30$(m)がはじめの長さの $\frac{3}{5}$ であることがわかるので，はじめの長さは $30\div\frac{3}{5}=50$(m)

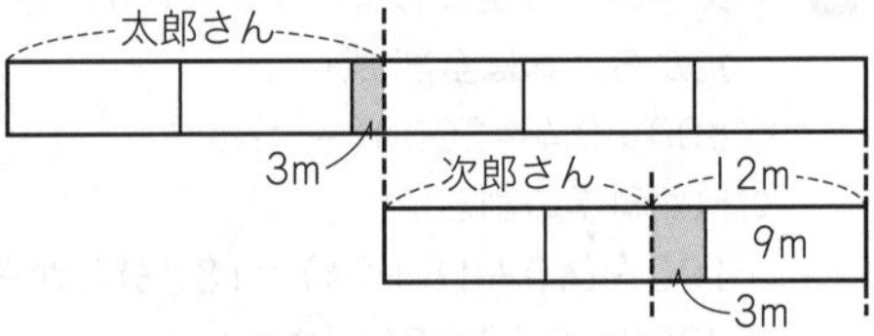

3 (1)第 3 教室の 60 人は生徒全員の $1-\left(\frac{1}{3}+\frac{3}{7}\right)=\frac{5}{21}$ にあたるので，生徒全員の数は，$60\div\frac{5}{21}=252$(人)

(2)男子の人数を 1 とすると，女子の人数の割合

は $\frac{13}{15}$ だから，生徒全員の人数の割合は

$1+\frac{13}{15}=\frac{28}{15}$ になります。これが 252 人だから，男子の人数は，$252\div\frac{28}{15}=135$(人)，

女子の人数は，$135\times\frac{13}{15}=117$(人)

4 (1)カゴいっぱいのミカンの $\frac{7}{9}-\frac{2}{3}=\frac{1}{9}$ のねだんが 3500－3050＝450(円)だから，カゴいっぱいのミカンのねだんは，

$450\div\frac{1}{9}=4050$(円)

これより，カゴのねだんは，

$3050-4050\times\frac{2}{3}=350$(円)

(2)4050＋350＝4400(円)

5 (1)3 人の得票数《とくひょうすう》を図に表すと次のようになります。

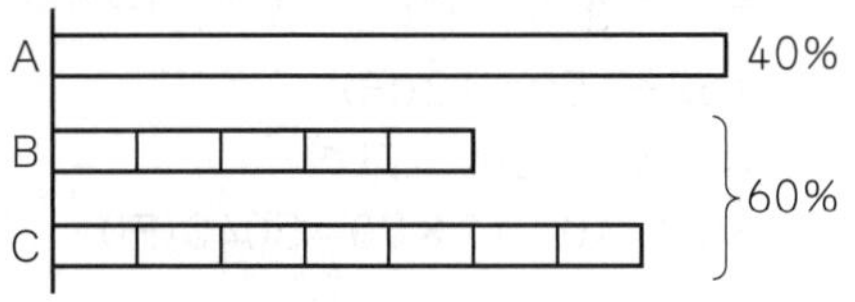

C さんの得票数の割合は，

$60\times\frac{7}{5+7}=35$(%)

(2)A さんと C さんの得票数の差を割合で表すと 40－35＝5(%)で，これが 36 票だから，全体の得票数は，36÷0.05＝720(票)

(3)B さんの得票数の割合は，60－35＝25(%) だから，720×0.25＝180(票)

12 損益算

ステップ 1　46~47 ページ

1 (1)1380　(2)2600　(3)400
2 (1)2100 円　(2)1680 円　(3)180 円
3 (1)0.125　(2)3200 円
4 7000 円
5 (1)500 円　(2)9080 円

解き方

1 (1)1200×(1＋0.15)＝1380

(2)□×(1－0.3)＝1820 より，□×0.7＝1820，□＝1820÷0.7＝2600

(3)800×(1－0.25)＝600，
1000－600＝400

2 (1)1500×(1＋0.4)＝2100(円)

(2)2100×(1－0.2)＝1680(円)

(3)(利益《りえき》)＝(売り値《ね》)－(仕入れ値)だから，
1680－1500＝180(円)

3 (1)仕入れ値の割合《わりあい》を 1 とすると，定価《ていか》の割合は 1＋0.25＝1.25，売り値の割合は 1.25×(1－0.1)＝1.125 だから，
利益の割合は，1.125－1＝0.125

(2)仕入れ値の 0.125 にあたるねだんが 400 円だから，仕入れ値は，
400÷0.125＝3200(円)

4 原価の割合を 1 とすると，定価は 1＋0.3＝1.3，売り値は 1.3×(1－0.2)＝1.04，利益は 1.04－1＝0.04 の割合になります。利益が 280 円だから，原価は，
280÷0.04＝7000(円)

5 (1)この商品 1 個《こ》の原価の割合を 1 とすると，定価は 1＋0.4＝1.4，2 日目の売り値は 1.4×(1－0.2)＝1.12，3 日目の割合は 1.12×(1－0.1)＝1.008 となるので，3 日目の利益は 1.008－1＝0.008 の割合になります。これが 4 円だから，原価は，
4÷0.008＝500(円)

(2)1 日目は 500×1.4＝700(円)で 30 個売り，2 日目は 500×1.12＝560(円)で 50 個売り，3 日目は 500×1.008＝504(円)で残りの 20 個を売ったから，3 日間の売り上げの合計は，
700×30＋560×50＋504×20
＝59080(円)
一方，仕入れにかかった金額《きんがく》は，
500×100＝50000(円)だから，3 日間の利益の合計は，
59080－50000＝9080(円)

ここに注意 図のようなイメージで考えます。

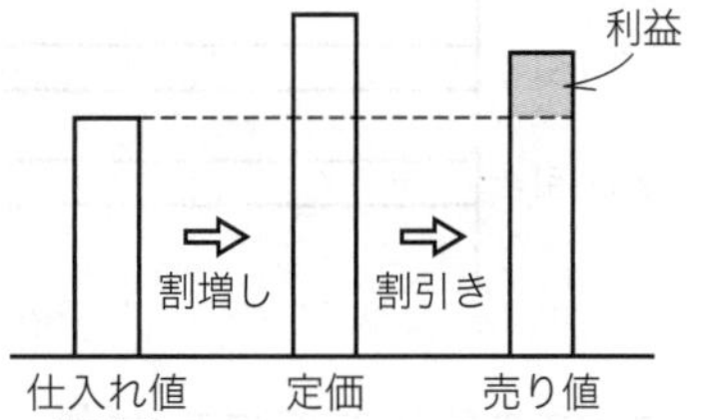

ステップ 2　48~49 ページ

1 (1)5500円　(2)1500円　(3)450円
2 (1)560個　(2)65600円　(3)60円
3 (1)15%　(2)3000円
4 (1)240000円　(2)500円　(3)100個
5 (1)150円　(2)5040円

解き方

1 (1)原価の 1 割増《ま》しのねだんは,
4000×(1+0.1)=4400(円)
これが, 定価の 2 割引きのねだんにあたるから, 定価は,
4400÷(1−0.2)=5500(円)
(2)原価を 1 とすると, 定価は 1+0.2=1.2, 売り値は 1.2×(1−0.1)=1.08, 利益は 1.08−1=0.08 にあたり, これが 120 円だから, 原価は, 120÷0.08=1500(円)
(3)定価の 30%が, 150+30=180(円)にあたるから, 定価は 180÷0.3=600(円)です。これより, 原価は 600−150=450(円)

2 (1)定価で売れたのは仕入れた個数の 7 割だから, 800×0.7=560(個)
(2)定価で売ったときの 1 個の利益は 250×0.4=100(円)だから, 800 個すべてが定価で売れたとすると, 利益は 100×800=80000(円)となり, これが予定の利益です。これより, 実際《じっさい》の利益は, 80000×0.82=65600(円)
(3)残りの品物の利益が 1 個□円だとすると,
100×560+□×240=65600(円)より,
□=(65600−56000)÷240=40 となります。よって, 定価から 100−40=60(円)値引きしたことになります。

3 (1)図より, 25−10=15(%)にあたります。
(2)定価は 540÷0.15=3600(円)だから, 仕入れ値は, 3600×(1−0.1)−240=3000(円)

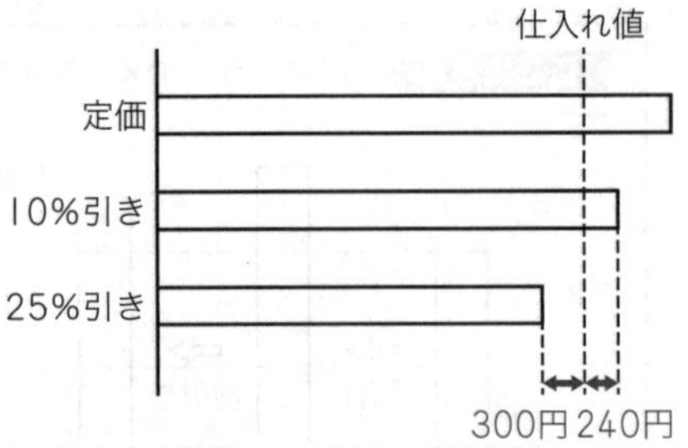

4 (1)すべての品物を定価で売ったときの売り上げの 90%にあたる金額が 216000 円だから,
216000÷0.9=240000(円)
(2)1 個の定価は 240000÷400=600(円)で, これが仕入れ値の 1+0.2=1.2 にあたるから, 仕入れ値は, 600÷1.2=500(円)
(3)定価の 4 割引きで売ると, 1 個の売り値が定価で売るときと比《くら》べて, 600×0.4=240(円)安くなるので, 売り上げが
240000−216000=24000(円)少なくなったことから, 値引きして売った品物の個数は, 24000÷240=100(個)

5 (1)定価の 1 割引きのねだんが 162 円だから, 定価は 162÷(1−0.1)=180(円)です。これは, 仕入れ値に 2 割の利益をふくめたねだんだから, 仕入れ値は,
180÷(1+0.2)=150(円)
(2)定価で売れたのが $210\times\frac{2}{3}$=140(個)で,
1 個の利益が 180−150=30(円)
定価の 1 割引きで売れたのが
$210\times\frac{1}{3}$=70(個)で, 1 個の利益が
162−150=12(円)
よって, 利益は全部で,
30×140+12×70=5040(円)

13 濃度算

ステップ 1　50~51 ページ

1 (1)5　(2)16　(3)(順に) 352, 48
2 (1)36g　(2)9%　(3)18%　(4)20%
3 (1)A…44g, B…36g
(2)16%
4 4%
5 ア…15　イ…9　ウ…6　エ 0.05
オ…120　カ…180

解き方

1 (1)15÷(285+15)=0.05=5(%)
(2)200×0.08=16(g)
(3)必要な食塩の重さは 400×0.12=48(g)だから, 水の重さは 400−48=352(g)

ここに注意　・食塩水の濃度《のうど》を求めるときは,
(濃度)=(食塩の重さ)÷(食塩水全体の重さ)
を計算し, 出てきた小数(または分数)を%になおします。

・ふくまれている食塩の重さを求めるときは，
濃度を小数（または分数）にして，
（食塩の重さ）＝（食塩水全体の重さ）×（濃度）
を計算します。

2 (1)300×0.12＝36(g)
(2)水を 100g 加えると，食塩水全体の重さが 300＋100＝400(g)になり，ふくまれている食塩の重さは 36g のままだから，濃度は，36÷400×100＝9(%)
(3)水を 100g じょう発させると，食塩水全体の重さが 300－100＝200(g)になり，ふくまれている食塩の重さは 36g のままだから，濃度は，36÷200×100＝18(%)
(4)食塩を 30g 加えると，食塩水全体の重さが 300＋30＝330(g)になり，ふくまれている食塩の重さは 36＋30＝66(g)になるから，濃度は，66÷330×100＝20(%)

3 (1)A…200×0.22＝44(g)，
B…300×0.12＝36(g)
(2)2 つの食塩水を混《ま》ぜ合わせると，食塩水全体の重さは 200＋300＝500(g)になり，それにふくまれている食塩の重さは
44＋36＝80(g)だから，濃度は，
80÷500×100＝16(%)

4 9%の食塩水 300g にふくまれる食塩の重さは，
300×0.09＝27(g)
混ぜ合わせてできた 6%の食塩水 750g にふくまれる食塩の重さは 750×0.06＝45(g)だから，濃度のわからない食塩水 450g にふくまれていた食塩の重さは 45－27＝18(g)
これより，濃度は 18÷450×100＝4(%)

5 ア…300×0.05＝15
イ…300×0.03＝9
ウ…15－9＝6
エ…1×0.08－1×0.03＝0.05
オ…6÷0.05＝120
カ…300－120＝180

ステップ 2

52~53 ページ

1 (1)11 (2)70 (3)200 (4)125
2 (1)33.6g (2)228g
3 (1)200g (2)300g (3)480g
4 (1)16% (2)A…250g，B…50g
5 (1)6.8% (2)6.7%

解き方

1 (1)15%の食塩水 400g には 400×0.15＝60(g)の食塩が，9%の食塩水 800g には 800×0.09＝72(g)の食塩がふくまれています。これを混ぜると，食塩水全体の重さは 400＋800＝1200(g)になり，それにふくまれる食塩の重さは 60＋72＝132(g)だから，濃度は，132÷1200×100＝11(%)
(2)12%の食塩水 350g には 350×0.12＝42(g)の食塩がふくまれています。これに水を加えてできた 10%の食塩水にも 42g の食塩がふくまれていることから，10%の食塩水が□g できたとすると，□×0.1＝42 より，
□＝42÷0.1＝420 とわかります。
したがって，加えた水は 420－350＝70(g)
(3)6.4%の食塩水 500g には 500×0.064＝32(g)の食塩がふくまれています。もし，9%の食塩水ばかり 500g あったとすると，ふくまれる食塩の重さは 500×0.09＝45(g)になります。9%の食塩水を 2.5%の食塩水に 1g 取りかえるごとに，ふくまれる食塩の重さは 1×0.09－1×0.025＝0.065(g)ずつ少なくなるので，45g を 32g にするためには，(45－32)÷0.065＝200(g)取りかえればよいことがわかります。
(4)3%の食塩水 200g には 200×0.03＝6(g)の食塩がふくまれています。そして，ここから水をじょう発させた 8%の食塩水にも 6g の食塩がふくまれているので，8%の食塩水が□g できたとすると，□×0.08＝6 より，
□＝6÷0.08＝75 とわかります。したがって，じょう発させた水は 200－75＝125(g)

2 (1)420×0.08＝33.6(g)
(2)33.6g の食塩のうち，12%の食塩水にふくまれていたのは 33.6－12＝21.6(g)です。
12%の食塩水が□g あったとすると，
□×0.12＝21.6 より，
□＝21.6÷0.12＝180
したがって，混ぜた水の重さは，
420－(12＋180)＝228(g)

3 (1)300×0.1＝30，30÷0.06＝500，
500－300＝200(g)
(2)14%の食塩水を□g 加えたとすると，「6%の食塩水 500g にふくまれる食塩＋14%の食塩水□g にふくまれる食塩」と「9%の食塩水 500g にふくまれる食塩＋9%の食塩水□g にふくまれる食塩」が等しい重さになるはず

です。したがって，
30＋□×0.14＝500×0.09＋□×0.09
＝45＋□×0.09となる□を求めればよいことになります。この式から，□×0.14が□×0.09よりも15大きいことがわかるので，□×0.05＝15より，□＝300

(3)(2)のビーカーには9％の食塩水が800g入っています。このうちの何gかを14％の食塩水と取りかえて，濃度を12％にすればよいことになります。
12％にするには，ふくまれる食塩の重さを，
800×0.12－800×0.09＝24(g)増《ふ》やす必要があります。9％の食塩水を14％の食塩水に1g取りかえるごとに，食塩は
1×0.14－1×0.09＝0.05(g)ずつ増えるので，加えた14％の食塩水の重さは，
24÷0.05＝480(g)

4 (1)120×0.18＝21.6，60×0.12＝7.2，
(21.6＋7.2)÷(120＋60)×100＝16(％)
(2)食塩水Bだけで300gにすると，食塩の重さは300×0.12＝36(g)になります。
17％の食塩水300gには食塩が
300×0.17＝51(g)ふくまれているので，食塩の重さをあと51－36＝15(g)増やす必要があります。12％の食塩水Bを18％の食塩水Aに1g取りかえるごとに，食塩は
1×0.18－1×0.12＝0.06(g)ずつ増えるので，加えた18％の食塩水Aの重さは，
15÷0.06＝250(g)
食塩水Bは300－250＝50(g)

5 (1)6％の食塩水400gと10％の食塩水100gを混ぜたことになるから，
400×0.06＝24，100×0.1＝10，
(24＋10)÷(400＋100)×100＝6.8(％)
(2)容器《ようき》Aには10％の食塩水が200g残っているので，食塩は200×0.1＝20(g)ふくまれています。Bから移《うつ》した100gの食塩水の中には食塩が100×0.068＝6.8(g)ふくまれているので，ふくまれる食塩の重さは
20＋6.8＝26.8(g)
食塩水全体の重さは
200＋100＋100＝400(g)だから，濃度は，
26.8÷400×100＝6.7(％)

14 消去算

ステップ1　54~55ページ

1 (1)3
(2)りんご…75円，みかん…30円
2 (1)480円
(2)ノート…120円，えんぴつ…40円
3 (1)4800円
(2)6720円
(3)大人…400円，子ども…240円
4 280円
5 80円
6 450円

解き方

1 (1)2つの買い方を比《くら》べると，りんごの数は同じで，みかんの数だけが3個《こ》ちがいます。
(2)みかん3個のねだんが90円だから，みかん1個のねだんは90÷3＝30(円)
これを「りんご2個とみかん2個で210円」にあてはめると，りんご1個のねだんは
(210－30×2)÷2＝75(円)
「りんご2個とみかん5個で300円」にあてはめても，(300－30×5)÷2＝75(円)

2 (1)「ノート2さつとえんぴつ6本」のねだんは「ノート1さつとえんぴつ3本」のねだんの2倍だから，240×2＝480(円)
(2)「ノート2さつとえんぴつ6本で480円」と「ノート2さつとえんぴつ5本で440円」を比べると，えんぴつ1本のねだんが
480－440＝40(円)とわかります。これを「ノート1さつとえんぴつ3本で240円」にあてはめて，ノート1さつのねだんは，
240－40×3＝120(円)

3 (1)「大人3人と子ども5人で2400円」を2倍して，2400×2＝4800(円)
(2)「大人2人と子ども6人で2240円」を3倍して，2240×3＝6720(円)
(3)「大人6人と子ども10人で4800円」と「大人6人と子ども18人で6720円」を比べると，子ども8人の入園料が
6720－4800＝1920(円)であることがわかるので，子ども1人の入園料は，
1920÷8＝240(円)
これを，「大人3人と子ども5人で2400

円」にあてはめると，大人１人の入園料は，
(2400−240×5)÷3＝400(円)

4 「ケーキ２個とプリン１個で680円」を４倍すると，「ケーキ８個とプリン４個で2720円」になります。
これと「ケーキ６個とプリン４個で2160円」を比べて，ケーキ２個が
2720−2160＝560(円)であることがわかります。したがって，ケーキ１個のねだんは，
560÷2＝280(円)

5 えんぴつの数を10本にそろえます。「えんぴつ５本とボールペン４本で470円」を２倍すると，「えんぴつ10本とボールペン８本で940円」となります。
また，「えんぴつ２本とボールペン７本で620円」を５倍すると，「えんぴつ10本とボールペン35本で3100円」となります。
これらを比べると，ボールペン27本の代金が
3100−940＝2160(円)であることがわかるので，ボールペン１本のねだんは，
2160÷27＝80(円)

6 ケーキ２個とシュークリーム５個が同じねだんだから，ケーキ６個はシュークリーム15個と同じねだんです。したがって，「ケーキ６個とシュークリーム３個で3240円」は「シュークリーム15個とシュークリーム３個で3240円」と考えられます。つまり，シュークリーム18個で3240円となり，シュークリーム１個のねだんは3240÷18＝180(円)
よって，ケーキ１個のねだんは
180×5÷2＝450(円)

ステップ2　56~57ページ

1 (1)94円　(2)260円　(3)2080円
2 (1)175円　(2)110円
3 (1)1300円　(2)700円
4 (1)0.8g　(2)140g
5 50g

解き方

1 (1)「消しゴム４個とえんぴつ12本で1320円」を1.5倍すると，「消しゴム６個とえんぴつ18本で1980円」になります。これと「消しゴム６個とえんぴつ３本で570円」を比べて，えんぴつ15本のねだんが
1980−570＝1410(円)とわかるので，１本のねだんは1410÷15＝94(円)

(2)1760円と1400円のちがいは，りんご２個分なので，りんご１個のねだんは，
(1760−1400)÷2＝180(円)
すると，「みかん８個となし４個」の代金は
1400−180×2＝1040(円)だから，これを４でわって，「みかん２個となし１個」の代金は，1040÷4＝260(円)

(3)590−430＝160(円)が，えんぴつとペン１本ずつのねだんであることに着目《ちゃくもく》すると，えんぴつとペン10本ずつと120円のノート４さつで，160×10＋120×4＝2080(円)

2 (1)「りんご４個とみかん５個で765円」を２倍して考えると「りんご８個とみかん10個で1530円」となります。これと「りんご７個とみかん９個で1355円」を比べると，
1530−1355＝175(円)が「りんご１個とみかん１個」の代金であることがわかります。

(2)(1)より，「りんご５個とみかん５個」の代金は
175×5＝875(円)
これと「りんご４個とみかん５個で765円」を比べて，りんご１個のねだんは
875−765＝110(円)

3 (1)2350＋1550＝3900(円)が，大人３人，中学生３人，小学生３人の入園料の合計だから，大人１人，中学生１人，小学生１人の入園料の合計は，3900÷3＝1300(円)

(2)大人１人を中学生２人におきかえると，「中学生６人，小学生１人で2350円」，「中学生３人，小学生１人で1300円」となります。
これらを比べると，中学生３人の入園料は
2350−1300＝1050(円)とわかります。
したがって，中学生１人の入園料は
1050÷3＝350(円)
大人１人の入園料は
350×2＝700(円)

4 (1)420−300＝120(g)が
350−200＝150(cm^3)の油の重さです。
したがって，油1cm^3あたりの重さは，
120÷150＝0.8(g)

(2)300−0.8×200＝140(g)

5 ３つのつり合いを，AB＝DD……①，CCD＝BBB……②，BBCC＝A……③のように表します。①のAをBCCとおきかえると，BBCCB＝DDとなり，さらに，BBBをCCDにおきかえると，CCCCD＝DDとなります。両方からDを１つ取ると，CCCC＝Dとなります。
そこで，②のDをCCCCにおきかえて，

CCCCCC＝BBB，CCCCCC＝25×3＝75(g)
となるので，C＝75÷6＝12.5(g)
D＝CCCC だから，D＝12.5×4＝50(g)

9～14

ステップ 3　58~59 ページ

1 (1)450 人　(2)12%　(3)84 円
2 220 円
3 (1)180 ページ　(2)215 ページ
4 (1)3 人　(2)38%　(3)36°
5 (1)20%　(2)240g
6 (1)120 円　(2)75 個《こ》

解き方

1 (1)昨年度の人数を□人とすると，
□×(1＋0.08)＝486 より，
□＝486÷1.08＝450(人)
(2)100g すてた後の 15%の食塩水 200g には食塩が 200×0.15＝30(g)ふくまれています。
これに水を 50g 加えて食塩水全体の重さを 250g にすると，濃度《のうど》は，
30÷250×100＝12(%)
(3)定価《ていか》は 2100×(1＋0.3)＝2730(円)，
売り値《ね》は 2730×(1－0.2)＝2184(円)
だから，利益《りえき》は 2184－2100＝84(円)

2 みかんジュース 6 本をりんごジュース 6 本と取りかえると，代金が 80×6＝480(円)高くなって，1500+480＝1980(円)になります。
これは，りんごジュース 3+6＝9(本)の代金を表すから，りんごジュース 1 本のねだんは
1980÷9＝220(円)

3 (1)1 日目に読んだ後の残りのページ数の $\frac{1}{3}$ が，
15＋45＝60(ページ)になります。これより，
1 日目に読んだ後の残りページ数は，
60×3＝180(ページ)
(2)この小説のページ数の $\frac{4}{5}$ が，
180－8＝172(ページ)となるので，
172÷$\frac{4}{5}$＝215(ページ)

4 (1)50－(19＋9＋8＋6＋5)＝3(人)
(2)19÷50×100＝38(%)
(3)バトン部の割合《わりあい》は，5÷50＝0.1 だから，中心角は，360°×0.1＝36°

5 (1)4%の食塩水 50g には食塩が
50×0.04＝2(g)ふくまれています。
これに食塩 10g を加えると，食塩水全体の重さは 50＋10＝60(g)になり，ふくまれる食塩の重さは 2＋10＝12(g)になるので，濃度は，12÷60×100＝20(%)
(2)さらに，9%の食塩水 200g と水□ g を加えたとすると，食塩水全体の重さは
60＋200＋□＝260＋□(g)
ふくまれる食塩の重さは
12＋200×0.09＝30(g)
濃度が 6%になったのだから，
(260＋□)×0.06＝30 より，
260＋□＝30÷0.06＝500，
□＝500－260＝240(g)

6 (1)定価の 10%引きの売り値が 108 円だから，
定価は 108÷(1－0.1)＝120(円)
(2)定価が 120 円であることから，仕入れ値は，
120÷(1＋0.25)＝96(円)とわかります。
したがって，1 個あたりの利益は，
月曜日が 120－96＝24(円)，
火曜日が 108－96＝12(円)
もし，200 個すべてが火曜日に売れたと仮定《かてい》すると，12×200＝2400(円)が，その場合の利益となります。ここで，月曜日と火曜日の利益の差は 24－12＝12(円)なので，月曜日に売れた個数は，
(3300－2400)÷12＝75(個)

15 速　さ

ステップ 1　60~61 ページ

1 (1)100　(2)4.8
(3)(順に)1200，72
(4)(順に)1500，25
2 (1)分速 50m　(2)時速 80km　(3)秒速 8m
(4)3000m　(5)3 時間 20 分
3 (1)20 分　(2)分速 96m
4 (1)900m　(2)15 分
5 (1)10 分間　(2)毎分 125m

解き方

1 (1)時速 6km＝1 時間に 6km 進む速さ
＝60 分間に 6000m 進む速さ
＝1 分間に 100m 進む速さ＝分速 100m

(2)分速 80m＝1 分間に 80m 進む速さ
＝60 分間に 4800m 進む速さ
＝1 時間に 4.8km 進む速さ＝時速 4.8km
(3)秒速 20m＝1 秒間に 20m 進む速さ
＝1 分間に 1200m 進む速さ＝分速 1200m
＝60 分間に 72000m 進む速さ
＝1 時間に 72km 進む速さ＝時速 72km
(4)時速 90km＝1 時間に 90km 進む速さ
＝60 分間に 90000m 進む速さ＝分速 1500m
＝60 秒間に 1500m 進む速さ
＝1 秒間に 25m 進む速さ ＝ 秒速 25m

2 (1)2km＝2000m より，2000÷40＝50(m/分)
(2)1 時間 30 分 ＝1.5 時間より，
120÷1.5＝80(km/時)
(3)200÷25＝8(m/秒)
(4)45 分 ＝$\frac{45}{60}$ 時間 ＝$\frac{3}{4}$ 時間だから，
4×$\frac{3}{4}$＝3(km)＝3000(m)
(5)200÷60＝$\frac{10}{3}$＝3$\frac{1}{3}$(時間)＝3 時間 20 分
※ 50(m/分)は分速 50m，80(km/時)は時速 80km，8(m/秒)は秒速 8m を表しています。

> **ここに注意** 速さの計算では
> ・速さ＝進んだ道のり÷かかった時間
> ・かかった時間＝進んだ道のり ÷ 速さ
> ・進んだ道のり＝速さ×かかった時間
> で求めます。このとき，速さ，時間，道のりの単位をそろえることが必要です。

3 (1)行きにかかった時間は 960÷80＝12(分)，帰りにかかった時間は 960÷120＝8(分)だから，12＋8＝20(分)
(2)往復《おうふく》の道のりは 960×2＝1920(m)で，往復にかかった時間は 20 分だから，往復の平《へい》均《きん》の速さは 1920÷20＝96(m/分)

> **ここに注意** 往復の平均の速さは，行きと帰りの速さを平均したものとはことなります。

4 (1)分速 75m で 12 分かかる道のりだから，
75×12＝900(m)
(2)900m の道のりを分速 60m の速さで進んだから，900÷60＝15(分)

5 (1)はじめの 15 分間に，80×15＝1200(m)歩いているので，残りの道のりは，
3000－1200＝1800(m)です。これを，毎分 180m で走ったので，走った時間は，
1800÷180＝10(分間)
(2)A さんがかかった時間は 15＋10＝25(分)だから，B さんのかかった時間は，
25－1＝24(分)です。したがって，速さは，
3000÷24＝125(m/分)

ステップ 2　　62~63 ページ

1 (1)36　(2)150　(3)2500
(4)(順に)2，40
(5)36
2 (1)時速 15km　(2)時速 4km
3 (1)1440m　(2)分速 90m
4 (1)午前 10 時 24 分　(2)午前 10 時 6 分
(3)毎分 80m
5 (1)20m　(2)25m

解き方

1 (1)秒速 10m は 1 秒間に 10m 進む速さです。
1 時間は 3600 秒あるので，1 時間には
10×3600＝36000(m)＝36(km)進みます。
したがって，時速 36km
(2)1 時間(＝60 分)で 9km(＝9000m)進むから，
1 分間では 9000÷60＝150(m)進みます。
したがって，分速 150m
(3)15 分 ＝$\frac{15}{60}$時間＝$\frac{1}{4}$時間だから，
10×$\frac{1}{4}$＝2.5(km)＝2500(m)
(4)32÷12＝$\frac{8}{3}$＝2$\frac{2}{3}$(時間)＝2 時間 40 分
(5)道のりは，120×50＝6000(m)＝6(km)です。10 分は$\frac{10}{60}$時間＝$\frac{1}{6}$時間だから，速さは，
6÷$\frac{1}{6}$＝36(km/時)

2 (1)行きにかかる時間は 60÷12＝5(時間)，帰りにかかる時間は 60÷20＝3(時間)だから，往復 120km の道のりを 8 時間で進んだことになります。したがって，平均の速さは，
120÷8＝15(km/時)
(2)片道の道のりは，6×0.5＝3(km)
往復の平均の速さが時速 4.8km になるためには，往復するのにかかった時間を
3×2÷4.8＝1.25(時間)＝1 時間 15 分にする必要があります。したがって，帰りにかかる時間は，
1 時間 15 分－ 30 分＝45 分＝0.75 時間
このとき，帰りの速さは，
3÷0.75＝4(km/時)

3 (1)妹は分速 60m で，家から 24 分かけて学校に着いたから，家から学校までの道のりは，
60×24＝1440(m)
(2)姉は家から学校まで，妹より 8 分少ない 16 分で着いたから，速さは，
1440÷16＝90(m/分)

4 (1)1440m はなれた図書館まで毎分 60m の速さで 1440÷60＝24(分)かかるから，午前 10 時 24 分に着く予定でした。
(2)家を出てから 4 分間に，60×4＝240(m)進んでいるので，毎分 120m の速さで家にもどるのに 240÷120＝2(分)かかります。したがって，4＋2＝6 より，家にもどったのは午前 10 時 6 分です。
(3)10 時 6 分に家を出て，予定通り 10 時 24 分に着いたのだから，図書館まで 18 分かかっています。したがって，速さは，
1440÷18＝80(m/分)

5 (1)妹の速さは 100÷20＝5(m/秒)だから，16 秒間に，5×16＝80(m)しか進みません。したがって，ゴールまであと，
100－80＝20(m)のところを走っています。
(2)兄の速さは 100÷16＝6.25(m/秒)だから，20 秒で，6.25×20＝125(m)進みます。したがって，125－100＝25(m)後ろからスタートすればよいです。

16 旅人算

ステップ 1

64~65 ページ

1 (1)90m (2)6 分後
2 (1)10m (2)12 分後
3 (1)19 分後 (2)1050m
4 (1)10 時 20 分 (2)1500m
5 (1)900m (2)30 分後

解き方

1 (1)50＋40＝90(m)ずつ近づきます。
(2)2 人の間の 540m のきょりが，1 分間に 90m ずつ小さくなっていき，540÷90＝6(分後)に 0m になって，2 人が出会います。

2 (1)50－40＝10(m)ずつ近づきます。
(2)2 人の間の 120m のきょりが，1 分間に 10m ずつ小さくなっていき，120÷10＝12(分後)に 0m になって，A さんが B さんに追いつきます。

ここに注意 ・2 人が向かいあって進むとき
(出会うまでの時間)
＝(2 人の間のきょり)÷(速さの和)
・1 人がもう 1 人を追いかけるとき
(追いつくまでの時間)
＝(2 人の間のきょり)÷(速さの差)

3 (1)A さんが P 地点を出発してから 4 分後，A さんは 50×4＝200(m)進んでいるので，2 人の間は，2000－200＝1800(m)はなれています。
(A さんが出発してから 4 分後)

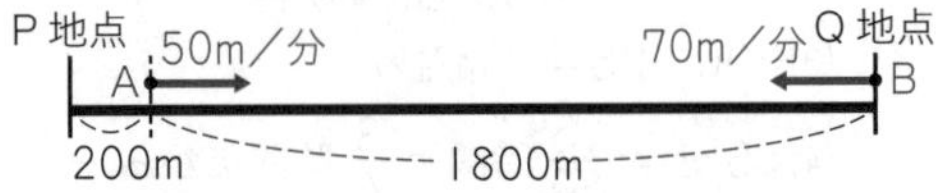

ここから 2 人が出会うまでにかかる時間は，
1800÷(50＋70)＝15(分)だから，A さんが P 地点を出発してから 4＋15＝19(分後)
(2)出会うまでに B さんは 15 分進むので，出会う地点は Q 地点から 70×15＝1050(m)のところです。

4 (1)弟は 10 時 14 分には家から
60×14＝840(m)のところにいます。
(10 時 14 分)

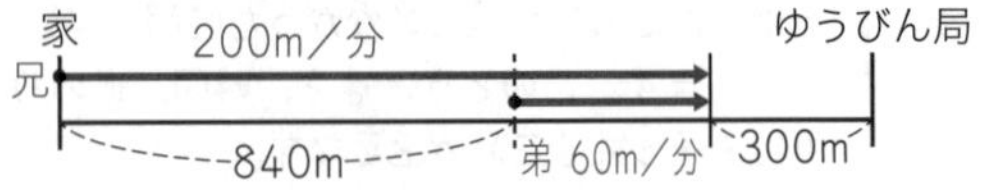

ここから兄が弟に追いつくのにかかる時間は，840÷(200－60)＝6(分)だから，10 時 14 分の 6 分後で，10 時 20 分です。
(2)兄が 6 分間に進んだ道のりは 200×6＝1200(m)だから，家からゆうびん局までは，
1200＋300＝1500(m)あります。

5 (1)6 分間に兄は 90×6＝540(m)，
弟は 60×6＝360(m)進みます。2 人が出会ったとき，2 人合わせて遊歩道を 1 周したことになるので，1 周の長さは，
540＋360＝900(m)
(2)兄が弟より 1 周(＝900m)多く進んだとき，はじめて弟に追いつきます。1 分につき，兄は弟よりも 90－60＝30(m)多く進むので，はじめて弟に追いつくのは，
900÷30＝30(分後)

ステップ2　66~67 ページ

❶ (1)18 分後　(2)7 分 12 秒後
(3)分速 120m
❷ (1)分速 360m　(2)分速 200m
❸ (1)時速 14.4km　(2)秒速 3m
(3)23 分 20 秒
❹ (1)毎分 100m　(2)8　(3)毎分 300m
(4)9 分後

解き方

❶ (1)2 人合わせて 2700m 進んだときだから,
2700÷(60+90)=18(分後)
(2)兄が家を出発したとき，弟はすでに
80×9=720(m)進んでいます。したがって,
追いつくのは，720÷(180−80)
=7.2(分後)=7 分 12 秒後
(3)姉が家を出発したとき，妹はすでに
40×12=480(m)進んでいます。姉は妹に
追いつくのに 6 分かかっているので，2 人の
速さの差は，480÷6=80(m/分)
したがって，姉の速さは,
40+80=120(m/分)
❷ (1)10 分で出会ったことから，2 人の速さの和は,
3600÷10=360(m/分)
(2)90 分後にAさんがBさんを追いこしたことから，2 人の速さの差は,
3600÷90=40(m/分)
ここで，(A さんの速さ +B さんの速さ)+(A さんの速さ −B さんの速さ)=A さんの速さ×2 となることから，A さんの速さは,
(360+40)÷2=200(m/分)
❸ (1)秒速 4m=1 秒間に 4m 進む速さ
=1 分間に 240m 進む速さ
=1 時間に 14400m 進む速さ
=時速 14.4km
(2)A さんと B さんは 10 分(=600 秒)で 2 人合わせて 4200m 進んだから，速さの和は
4200÷600=7(m/秒)
これより，B さんの速さは 7−4=3(m/秒)
(3)4200÷3=1400(秒)=23 分 20 秒
❹ (1)グラフより，みわこさんは 15 分で 1500m 進んだことがわかるので，速さは,
1500÷15=100(m/分)
(2)㋐はひかりさんが 600m 歩くのにかかる時間を表しています。ひかりさんの歩く速さは毎分 75m だから，㋐=600÷75=8
(3)バスは，8 分後から 11 分後までの 3 分間で,
1500−600=900(m)進んでいるので，速さは 900÷3=300(m/分)
(4)8 分後，ひかりさんは学校から 600m のところに，みわこさんは学校から 100×8=800(m)のところにいて，2 人の間の道のりは 200m です。ここから，ひかりさんは毎分 300m のバスで，みわこさんは毎分 100m の自転車で進むので，追いつくのにかかる時間は，200÷(300−100)=1(分)
したがって，2 人が出発してから
8+1=9(分後)

17 流水算

ステップ1·2　68~69 ページ

❶ (1)時速 18km　(2)時速 15km　(3)3 時間
❷ (1)上り…時速 12km，下り…時速 20km
(2)時速 16km　(3)時速 4km
(4)20 時間
❸ (1)時速 15km　(2)25.2km
❹ (1)30 分後　(2)1200m
(3)102 分 30 秒後

解き方

❶ (1)36÷2=18(km/時)
(2)(静水《せいすい》での速さ)+(川の速さ)=(下りの速さ)
だから，(静水での速さ)+3=18 より，静水での速さは 18−3=15(km/時)
(3)(静水での速さ)−(川の速さ)=(上りの速さ)
だから，上りの速さは，15−3=12(km/時)
です。したがって，36km 川を上るのに,
36÷12=3(時間)かかります。

> **ここに注意**　流水算では,
> (静水での速さ)+(川の速さ)=(下りの速さ)
> (静水での速さ)−(川の速さ)=(上りの速さ)
> になります。

❷ (1)上りの速さ=120÷10=12(km/時)
下りの速さ=120÷6=20(km/時)
(2)(上りの速さ)=(静水での速さ)−(川の速さ),
(下りの速さ)=(静水での速さ)+(川の速さ)
より，(上りの速さ)+(下りの速さ)=(静水での速さ)×2 となるので,
(静水での速さ)=(12+20)÷2=16(km/時)

(3)川の流れの速さは，16－12＝4
(または 20－16＝4)より，時速 4km
(4)川の流れの速さが 2 倍の時速 8km になると，上りの速さは 16－8＝8(km/時)，
下りの速さは 16＋8＝24(km/時)になるので，往復《おうふく》にかかる時間は
120÷8＋120÷24＝15＋5＝20(時間)

3 (1)グラフより，船が 42km 上るのに 3.5 時間かかっていることがわかるので，上りの速さは，
42÷3.5＝12(km/時)
また，42km 下るのに $2\frac{1}{3}$ 時間かかっていることがわかるので，下りの速さは，
42÷$2\frac{1}{3}$＝18(km/時)
これより，静水での速さは，**2**の(2)と同じように考えて，
(12＋18)÷2＝15(km/時)
(2)42km はなれた位置から，時速 12km と時速 18km で向かいあって進むから，出会うまでにかかる時間は，
42÷(12＋18)＝1.4(時間)
1.4 時間に A 町から船が下る道のりを求めて，
18×1.4＝25.2(km)

4 (1)船 A，B ともに，
下りの速さは 80＋20＝100(m/分)，
上りの速さは 80－20＝60(m/分)
はじめ，2 つの船は 4800m はなれていて，100m/分と 60m/分の速さで向かいあって進むから，出会うまでにかかる時間は，
4800÷(100＋60)＝30(分)
(2)船 B が P 地点にとう着するのは，出発してから，4800÷60＝80(分後)
船 A は Q 地点に 4800÷100＝48(分後)にとう着し，12 分休んで，60 分後から P 地点に向けて出発するので，80 分後には Q 地点から，
60×(80－60)＝1200(m)進んでいます。
(3)80 分後に 2 つの船は 4800－1200＝3600(m)はなれており，100m/分と 60m/分の速さで向かいあって進むから，
3600÷(100＋60)＝22.5(分後)に出会います。したがって，出発してから
80＋22.5＝102.5(分後)＝102 分 30 秒後

18 通過算

ステップ 1

70~71 ページ

1 (1)960m (2)48 秒
2 (1)秒速 50m (2)秒速 10m
(3)6 秒 (4)30 秒
3 (1)時速 54km (2)52 秒
4 (1)時速 270km (2)77.4 秒
5 (1)8 秒 (2)時速 63km

解き方

1 (1)図のように，列車の最後尾《さいこうび》に着目《ちゃくもく》すると，列車は 160＋800＝960(m)進んでいることがわかります。

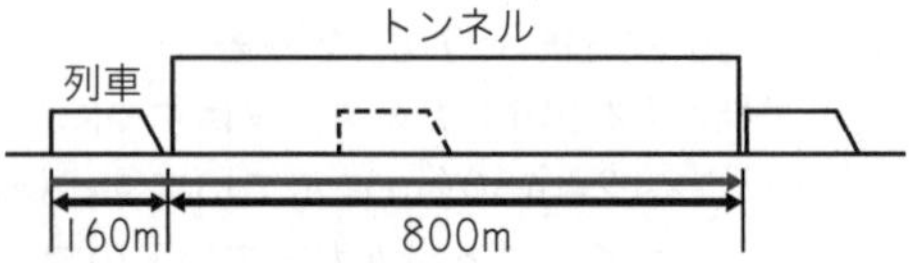

(2)960÷20＝48(秒)

2 (1)列車 A の速さは，時速 72km＝時速 72000m
＝分速 1200m＝秒速 20m
列車 B の速さは，時速 108km
＝時速 108000m＝分速 1800m＝秒速 30m
したがって，すれちがうときの速さは，
20＋30＝50(m/秒)
(2)列車 B が列車 A を追いこすときの速さは，
30－20＝10(m/秒)
(3)すれちがい始めるとき，列車 A の最後尾と列車 B の最後尾は 160＋140＝300(m)はなれています。すれちがい終わったとき，列車 A の最後尾と列車 B の最後尾は同じ位置にいるので，2 つの列車は 300m のきょりを向かいあって進んだことになります。したがって，その時間は，300÷(30＋20)＝6(秒)
(4)列車 B が列車 A を追いこし始めるとき，列車 B の最後尾と列車 A の先頭は
160＋140＝300(m)はなれています。追いこし終わったとき，列車 B の最後尾と列車 A の先頭は同じ位置にいるので，列車 B は列車 A を 300m 追いついたことになります。したがって，その時間は，
300÷(30－20)＝30(秒)

ここに注意 ・列車 A と列車 B がすれちがうのにかかる時間
＝(2 つの列車の長さの和)÷(速さの和)

・列車Aが列車Bを追いこすのにかかる時間
＝(2つの列車の長さの和)÷(速さの差)

3 (1)電車が電柱の前を通りすぎるには，電車の長さの分だけ進む必要があります。つまり，180m進むのに12秒かかったということだから，速さは，180÷12＝15(m/秒)＝54km/時です。

ここに注意 ・秒速(m/秒)を時速(km/時)にするときは，
秒速の数字×3.6＝時速の数字
・時速を秒速にするときは，
時速の数字÷3.6＝秒速の数字

(2)電車は180＋600＝780(m)進むので，かかる時間は780÷15＝52(秒)

4 (1)新幹線《しんかんせん》Aの速さは216÷3.6＝60(m/秒)
新幹線Bの速さを□m/秒とすると，すれちがうのに6秒かかったことから，
(405＋405)÷(60＋□)＝6,
60＋□＝810÷6＝135，□＝75より，新幹線Bの速さは，秒速75m＝時速270km
(2)(5400＋405)÷75＝77.4(秒)

5 (1)時速59.4kmは，59.4÷3.6＝16.5より，秒速16.5mです。分速90mは，90÷60＝1.5より，秒速1.5mです。これより，列車とAさんがすれちがう速さは
16.5＋1.5＝18(m/秒)なので，
144÷18＝8(秒)
(2)列車の速さを□m/秒とすると，
(□−1.5)×9＝144より，
□−1.5＝16，□＝17.5
これより，列車の速さは
秒速17.5m＝時速63km

ステップ2 72~73ページ

1 (1)1770m (2)分速1500m
(3)174m (4)210m
2 (1)毎秒11.5m (2)82m
3 (1)秒速20m (2)200m (3)250m
4 2分21秒
5 (1)秒速26m (2)416m

解き方

1 (1)時速54kmは秒速15mです。橋の長さを□mとすると，列車は130秒間に(180＋□)m進んだことになるので，
180＋□＝15×130＝1950,
□＝1950−180＝1770(m)
(2)列車は180秒間(3分間)に，
160＋4340＝4500(m)進んでいます。
したがって，速さは，4500÷3＝1500(m/分)
(3)特急列車の長さを□mとすると，
(120＋□)÷(18＋24)＝7より，
120＋□＝7×42＝294,
□＝294−120＝174(m)
(4)電車が貨物列車を追いこすときの速さは，
70−40＝30(km/時)＝$\frac{25}{3}$(m/秒)
電車の長さを□mとすると，
(□＋□＋105)÷$\frac{25}{3}$＝63より，
□＋□＋105＝63×$\frac{25}{3}$＝525,
□＋□＝525−105＝420,
□＝420÷2＝210(m)

2 (1)図より，電車は100−28＝72(秒間)に，1068−240＝828(m)進んだことがわかるので，速さは，
828÷72＝11.5(m/秒)

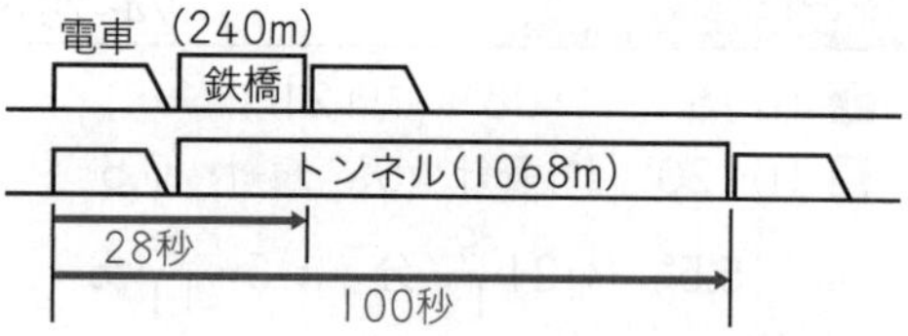

(2)電車の長さは，電車が100秒間に進むきょりからトンネルの長さをひいて，
11.5×100−1068＝82(m)

3 (1)(2)列車の長さを□mとします。列車は□m進むのに10秒かかり，(□＋1000)m進むのに60秒かかっているから，1000m進むのに60−10＝50(秒)かかったことになります。
したがって，列車の速さは
1000÷50＝20(m/秒),
長さは20×10＝200(m)
(3)時速108km＝秒速30mだから，急行列車の長さを○mとすると，
(200＋○)÷(20＋30)＝9より，
200＋○＝9×50＝450,
○＝450−200＝250(m)

4 列車が1500mのトンネルに完全に入っている時間は，列車が1500−180＝1320(m)進むのにかかる時間で，これが66秒だから，列車の速さは1320÷66＝20(m/秒)

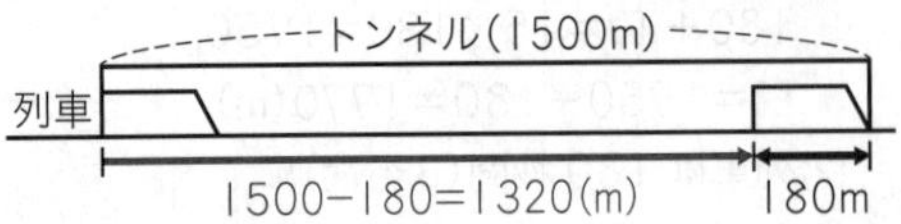

同様に，3000mのトンネルに完全に入っている時間は，列車が3000−180=2820(m)進むのにかかる時間だから，
2820÷20=141(秒)=2分21秒

5 (1)列車が列車の長さのきょりだけ進むのに16秒かかるから，列車の長さの半分のきょりを進むのに8秒かかります。このことから，列車の先頭がトンネルに入ってから，列車の先頭がトンネルの出口にくるまで，つまり，列車が1742m進むのに75−8=67(秒)かかることがわかります。したがって，列車の速さは，1742÷67=26(m/秒)
(2)26×16=416(m)

19 時計算

ステップ1・2　74~75ページ

1 (1)75°　(2)108°　(3)121°
2 (1)120°　(2)長針《ちょうしん》…6°，短針…0.5°
(3)5.5°　(4)$21\frac{9}{11}$分　(5)$54\frac{6}{11}$分
3 (1)2時$10\frac{10}{11}$分
(2)10時54分$32\frac{8}{11}$秒
(3)2時38分
4 (1)90°　(2)3時$16\frac{4}{11}$分
(3)3時$49\frac{1}{11}$分　(4)3時$32\frac{8}{11}$分

解き方

1 (1)時計ばんの1時間分の角度は30°です。また，時計の短針が1分間に回る角度は，30°÷60=0.5°です。これより，長針と4の目もりとの間の角度が30°×2=60°で，4の目もりと短針との間の角度が0.5°×30=15°だから，60°+15°=75°
(2)5の目もりと8の目もりの間の角度が
30°×3=90°
長針と5の目もりの間の角度が30°÷5=6°
短針と8の目もりの間の角度が
0.5°×24=12°
したがって，90°+6°+12°=108°
(3)8の目もりと11の目もりの間の角度が
30°×3=90°
長針と8の目もりの間の角度が
30°÷5×2=12°
短針と11の目もりの間の角度が
0.5°×38=19°
したがって，90°+12°+19°=121°

2 (1)30°×4=120°
(2)長針は60分で360°回るので，1分間に360°÷60=6°回ります。短針は60分で30°回るので，1分間に30°÷60=0.5°回ります。
(3)6°−0.5°=5.5°ずつ小さくなっていきます。
(4)角㋐の大きさが0°になったとき，長針と短針が重なるから，
$120 \div 5.5 = 120 \times \frac{10}{55} = \frac{240}{11} = 21\frac{9}{11}$ より，
4時$21\frac{9}{11}$分
(5)長針と短針が重なって，さらに長針が短針より180°多く回ったときだから，4時ちょうどから計算すると，長針が短針より
120°+180°=300°多く回ったときです。
$300 \div 5.5 = 300 \times \frac{10}{55} = \frac{600}{11}$
$= 54\frac{6}{11}$ より，4時$54\frac{6}{11}$分

ここに注意　時計の長針は1分間に6°ずつ，時計の短針は1分間に0.5°ずつ回る。

3 (1)2時ちょうどのとき，長針と短針の間の角度は30°×2=60°だから，
$60 \div 5.5 = 10\frac{10}{11}$ より，2時$10\frac{10}{11}$分

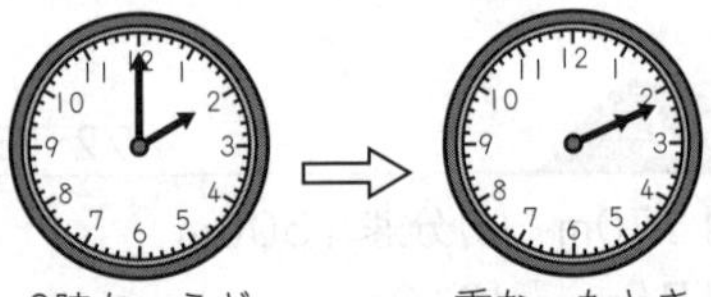
2時ちょうど　　重なったとき

(2)10時ちょうどのとき，長針と短針の間の角度は30°×10=300°だから，
$300 \div 5.5 = 54\frac{6}{11}$ より，10時$54\frac{6}{11}$分
$\frac{6}{11}$分を秒に直すと，$\frac{6}{11} \times 60 = 32\frac{8}{11}$(秒)
だから，10時54分$32\frac{8}{11}$秒
(3)2時ちょうどのとき，長針と短針の間の角度

は 30°×2＝60° だから，長針と短針の間の角度がはじめて 149° になるのは，長針と短針が重なって，さらに長針が短針より 149° 多く回ったときです。2 時ちょうどから計算すると，長針が短針より 60°＋149°＝209° 多く回ったときです。209÷5.5＝38 より，2 時 38 分

4 (1)30°×3＝90°

(2)$90\div5.5=16\frac{4}{11}$ より，3 時 $16\frac{4}{11}$ 分

(3)長針と短針が重なって，さらに長針が短針より 180° 多く回ったときだから，3 時ちょうどから計算すると，長針が短針より 90°＋180°＝270° 多く回ったときです。

$270\div5.5=49\frac{1}{11}$ より，3 時 $49\frac{1}{11}$ 分

(4)3 時ちょうどのとき，長針と短針の間の角度は 90° になっています。2 回目に 90° になるのは，長針と短針が重なって，さらに長針が短針より 90° 多く回ったときだから，3 時ちょうどから計算すると，長針が短針より 90°＋90°＝180° 多く回ったときです。

$180\div5.5=32\frac{8}{11}$ より，3 時 $32\frac{8}{11}$ 分

15～19

ステップ 3

76～77 ページ

1 (1)24 分後 (2)960m (3)7 分後
2 (1)800m (2)100m
3 (1)4 分 (2)毎分 40m
4 (1)11 回 (2)22 回 (3)6 時 32 分 44 秒
5 (1)B 市 (2)毎時 6km (3)毎時 50km

解き方

1 (1)1920÷80＝24(分後)

(2)妹が図書館を出たのは家を出てから 24＋20＝44(分後)だから，姉が家を出た 4 分後です。したがって，姉は家から 240×4＝960(m)のところにいます。

(3)妹が図書館を出たとき，2 人は 1920－960＝960(m)はなれています。
ここから分速 80m と分速 240m で向かいあって進むので，出会うのは，
4＋960÷(80＋240)＝7(分後)

2 (1)電車が鉄橋をわたり始めてから，25 秒で先頭が $\frac{5}{8}$ のところまで来たのだから，先頭が鉄橋の終わりまで来るのにかかる時間は，

$25\div\frac{5}{8}=40$(秒)

これより，鉄橋の長さは
20×40＝800(m)

(2)電車は鉄橋をわたり始めてからわたり終わるまで 25＋20＝45(秒)かかっています。この間に列車は 20×45＝900(m)進んでおり，鉄橋の長さが 800m だから，列車の長さは 900－800＝100(m)

3 (1)11 周のうち，走ったのが 6 周，歩いたのが 5 周だから，走った道のりは全部で
100×6＝600(m)
したがって，走った時間は全部で
600÷150＝4(分)

(2)歩いた道のりは全部で 100×5＝500(m)，歩いた時間は全部で 16.5－4＝12.5(分)だから，速さは，500÷12.5＝40(m/分)

4 (1)午前 6 時から午後 6 時までの 12 時間で，長《ちょう》針《しん》は 12 周します。一方，短針は 1 周しかしません。したがって，長針は短針を
12－1＝11(回)追いこします。

(2)長針と短針が直角になるのは，長針が短針を追いこす手前と追いこしたあとにそれぞれ 1 回ずつあります。したがって，
11×2＝22(回)

(3)6 時ちょうどのとき，長針と短針の間の角度は 30°×6＝180° だから，

$180\div5.5=32\frac{8}{11}$ より，6 時 $32\frac{8}{11}$ 分

$\frac{8}{11}$ 分を秒に直すと，

$\frac{8}{11}\times60=43.63\cdots\cdots$(秒)だから，四捨五入《ししゃごにゅう》して，6 時 32 分 44 秒

5 (1)船が A 市から B 市に向かうときの速さは，
16000÷40＝400(m/分)＝24km/時
船が B 市から A 市に向かうときの速さは，
60000÷(110－10)＝600(m/分)
＝36km/時
したがって，B 市のほうが川上《かわかみ》にあることがわかります。

(2)船の静水《せいすい》での速さは
(24＋36)÷2＝30(km/時)
川の流れの速さは 30－24＝6(km/時)

(3)船(イ)は B 市を出てから 65 分後に，B 市から 600×(65－10)＝33000(m)の地点，つまり，A 市から 27000m の地点にいます。

ここで２つの船が出会ったのだから，（ア）の船は速さを変えてから１５分間で，
27000－16000＝11000(m) 進んだことになります。したがって，このときの速さは，

$11 \div \frac{1}{4} = 44$(km/時)

静水時の速さは 44＋6＝50(km/時)

20 合同な図形

ステップ1　　78~79 ページ

1 (1)頂点《ちょうてん》F　(2)辺 BC　(3)角 E

2 (1)×　(2)○　(3)×　(4)×　(5)○

3 (解き方 を参照)

4 (解き方 を参照)

解き方

1 回転させたり，うら返したりして，ぴったりと重なる２つの図形を合同な図形といいます。合同な図形の，重なる頂点，重なる辺，重なる角のことを，対応《たいおう》する頂点，辺，角といいます。

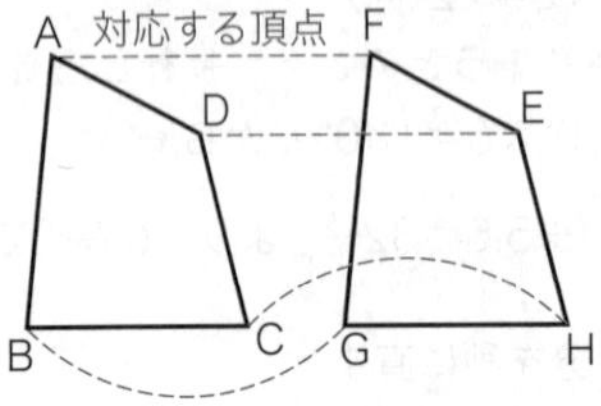

2 次の①～③のいずれか１つが成り立つとき，２つの三角形は合同であるといえます。

> **ここに注意** ２つの三角形が合同になる条件は，
> ①３つの辺の長さがすべて等しい。
> ②２つの辺の長さとその間の角の大きさが等しい。
> ③１つの辺の長さとその両側の角の大きさが等しい。
> (※実際《じっさい》は，１つの辺の長さと２つの角の大きさが等しければ合同になります)

3 (1)①定規《じょうぎ》で 5cm の直線をかく。
②分度器で左はしから 45° をはかり，少し長めの直線をかく。
③その直線で 4cm の点をはかる。
④その点と 5cm の直線の右はしを結ぶ。

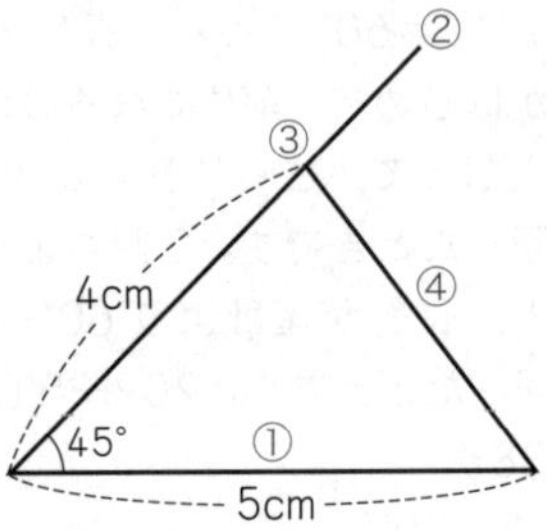

(2)①定規で 3cm の直線をかく。
②分度器で両はしから 70° をはかり，２本の直線が交わるようにする。

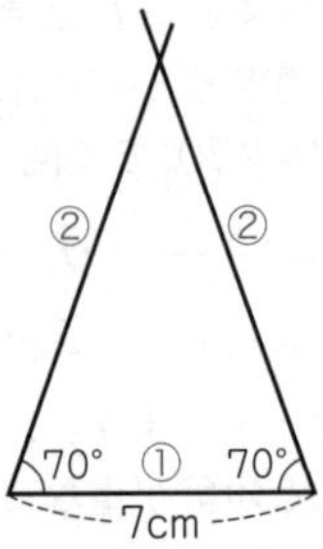

4 (1)①定規で 6cm の直線をかく。
②コンパスで直線の左はしを中心に半径 3cm の円を，直線の右はしを中心に半径 4cm の円をかく。
③２つの円が交わった点と，6cm の直線の両はしを結ぶ。

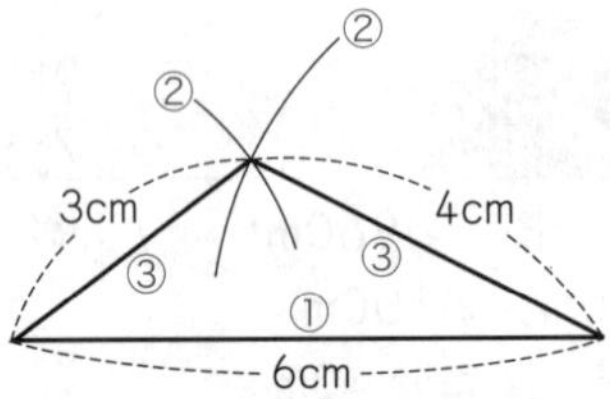

(2)①定規で 5cm の直線をかく。
②直線の両はしから，それぞれ 40° と 60° を分度器ではかり，２つの直線を交わらせる。

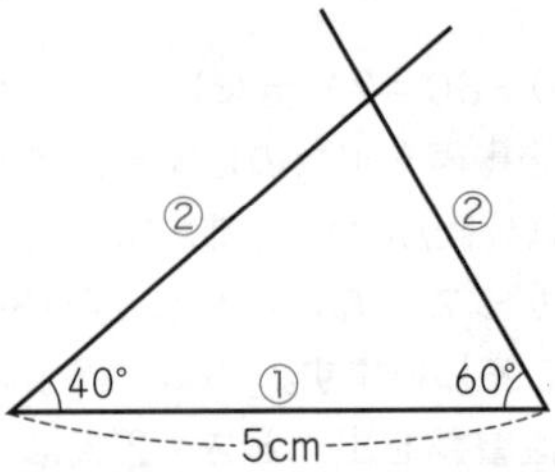

ステップ2　　80~81 ページ

1 (1)8cm　(2)9.6cm　(3)80°　(4)45°

2 組…アとオ
理由…２つの辺の長さとその間の角の大きさが等しい

組…ウとエ
理由…１つの辺の長さとその両側の角の大きさが等しい

3 (1)×　(2)○　(3)×　(4)○

4 (1)×　(2)×　(3)×　(4)○

5 (1)32個《こ》　(2)12個

解き方

1 頂点Aが頂点Dに，頂点Bが頂点Fに，頂点Cが頂点Eに対応しています。

2 イとカは32°の角の位置がことなるので，合同になりません。

3 (1)3つの角度が等しくても，下の図のように大きさがことなる場合があるので合同になるとは限《かぎ》りません。

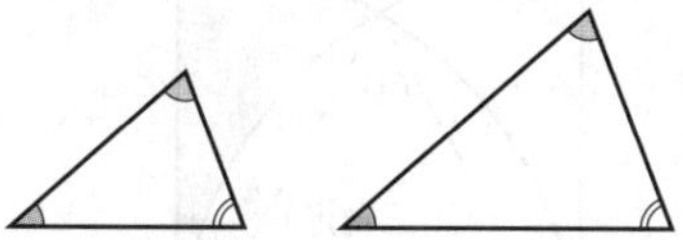

(3)面積が同じでも，下の図のように長さがことなる場合があります。

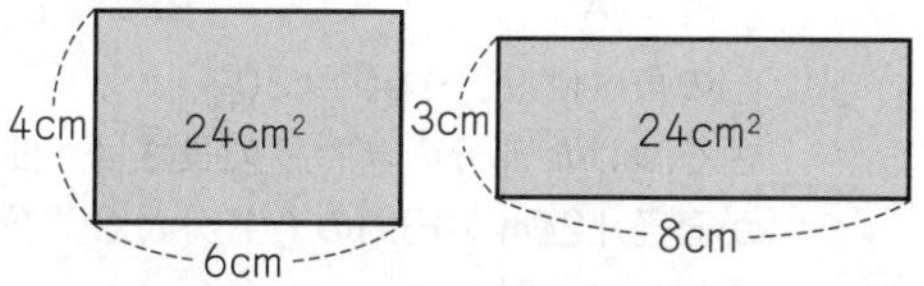

4 (1)下の図のように4つの辺の長さが等しくても，四角形は合同であるとはいえません。

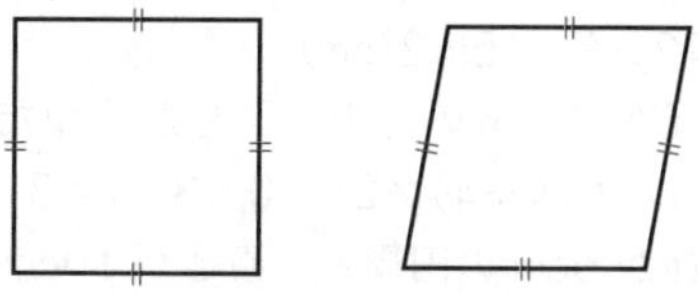

(2)下の図のような場合，合同になりません。

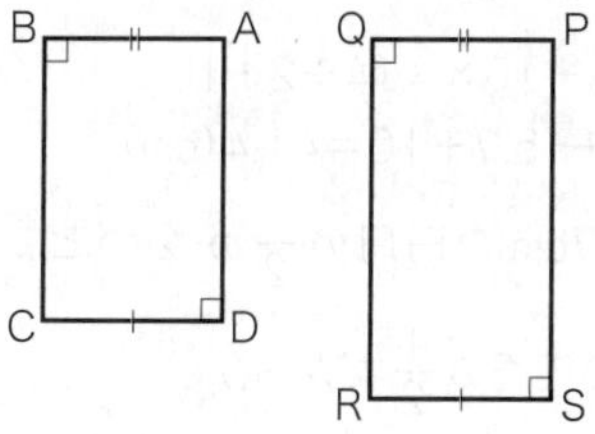

(3)下の図のように，角Bと角Qの大きさがことなる場合があります。

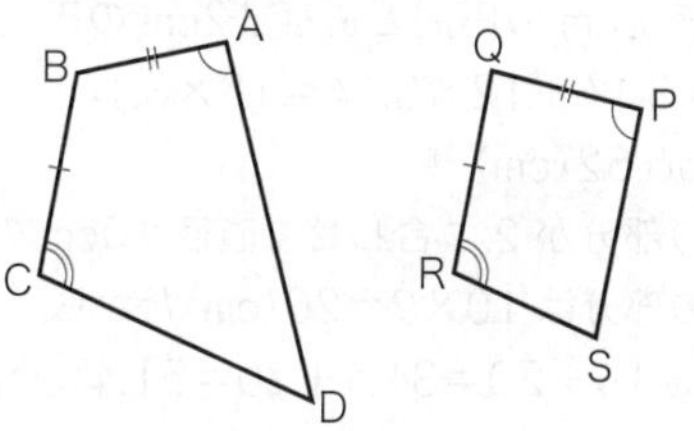

(4)この場合，三角形BCDと三角形QRSは2つの辺とその間の角が等しいので合同となり，対角線BDとQSは同じ長さになります。すると，三角形ABDとPQSは，AB＝PQ，DA＝SP，BD＝QSより合同となり，角A＝角P，角B＝角Qなので，四角形ABCDと四角形PQRSは合同になります。

5 (1)図1のような4つの三角形が図2の①～⑧の8つの場所について考えられるので，
4×8＝32(個)

(図1)

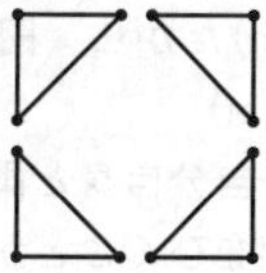

(図2)

(2)(1)の図1と同じように4つの三角形が考えられ，それぞれについて下の図のように3つの場所が考えられるので，
4×3＝12(個)

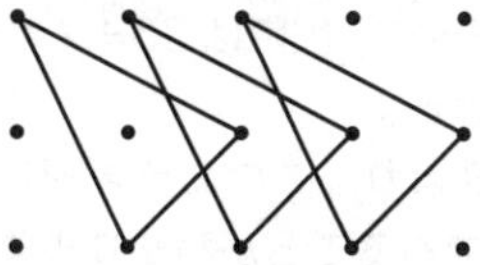

21 円と正多角形

ステップ1　82～83ページ

1 (1)15.7cm　(2)25.12cm　(3)62.8cm　(4)37.68cm

2 (1)47.1m　(2)10m　(3)4m

3 (1)60°　(2)正三角形　(3)12.56cm

4 (1)4本　(2)14本

5 (1)8分の1　(2)22.28cm

解き方

1 (1)5×3.14＝15.7(cm)
(2)4×2＝8，8×3.14＝25.12(cm)
(3)20×3.14＝62.8(cm)
(4)6×2＝12，12×3.14＝37.68(cm)

> **ここに注意**　どんな円でも，円周の長さは直径の3.14倍になります。3.14のことを円周《えんしゅう》率《りつ》といい，正確には，
> 3.14159265358979323846２……
> と，どこまでも続く小数です。

2 (1)15×3.14＝47.1(m)

(2)(直径)×3.14＝62.8 より，
(直径)＝62.8÷3.14＝20(m)
よって，半径は 20÷2＝10(m)
(3)50.24m の半分は，50.24÷2＝25.12(m)だから，同じように，半径は，
25.12÷3.14＝8，8÷2＝4(m)

3 (1)360°÷6＝60°
(2)正六角形は 3 本の対角線によって 6 つの正三角形に分けることができます。
(3)正六角形のまわりの長さは，円の半径の 6 倍です。したがって，円の半径は 12÷6＝2(cm)，直径は 2×2＝4(cm)だから，円周の長さは 4×3.14＝12.56(cm)

4 (1)7 つの頂点《ちょうてん》のうち，自分自身と両どなりの 2 つの頂点には対角線をひくことができないので，7−3＝4(本)
(2)7 つの頂点からそれぞれ 4 本ずつ対角線をひくことができるので，4×7＝28(本)の対角線をひくことができますが，これらは 2 本ずつ重なっているので，実際《じっさい》は 28÷2＝14(本)の対角線がひけます。

5 (1)360°÷45°＝8 より，このおうぎ形は円を 8 等分したものであることがわかります。よって，曲線 AB の長さは円周の 8 分の 1 です。
(2)円周の長さは，
8×2＝16，16×3.14＝50.24(cm)だから，
曲線 AB の長さは，50.24÷8＝6.28(cm)
これに，直線の部分(OA と OB)の長さを合わせて，まわりの長さは，
6.28＋8×2＝22.28(cm)

ステップ 2　84~85 ページ

1 (1)35.7cm (2)36.56cm
2 (1)45° (2)20 本
3 (1)60° (2)15.42cm
4 (1)31.4cm (2)41.4cm (3)43.96cm
(4)56.52cm
5 51.4cm
6 46.12cm

解き方

1 (1)360°÷90°＝4 より，直径 20cm の円の $\frac{1}{4}$ にあたるおうぎ形だから，曲線の部分の長さが
20×3.14÷4＝5×3.14＝15.7(cm)
直線の部分が 10×2＝20(cm)
まわりの長さは，15.7＋20＝35.7(cm)
(2)360°÷60°＝6 より，直径 24cm の円の $\frac{1}{6}$ にあたるおうぎ形だから，曲線の部分の長さが
24×3.14÷6＝4×3.14＝12.56(cm)
直線の部分が 12×2＝24(cm)
まわりの長さは，12.56＋24＝36.56(cm)

2 (1)360°÷8＝45°
(2)8 つの頂点からそれぞれ 5 本ずつ対角線をひくことができるので，8×5＝40(本)の対角線をひくことができますが，これらは 2 本ずつ重なっているので，実際は 40÷2＝20(本)の対角線がひけます。

3 (1)AB，AC，BC の長さはすべて 6cm なので，三角形 ABC は正三角形です。したがって，㋐の角度は 60° です。

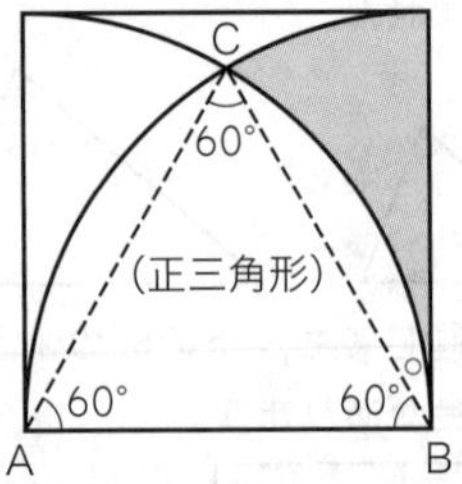

(2)○の角度は 90°−60°＝30°
色をつけた部分のまわりの長さは，曲線部分が直径 12cm の円周の 60° 分と 30° 分だから，合わせて 90° 分で，
12×3.14÷4＝3×3.14＝9.42(cm)
直線部分が 6cm だから，
9.42＋6＝15.42(cm)

4 (1)直径が 20cm の円の 90° 分が 2 つだから，
(20×3.14÷4)×2＝10×3.14＝31.4(cm)
(2)直径が 5cm の円周と，直径が 10cm の円周の $\frac{1}{2}$ と，直線部分が 10cm だから，
5×3.14＋10×3.14÷2＋10
＝15.7＋15.7＋10＝41.4(cm)
(3)直径が 7cm の円周の $\frac{1}{2}$ が 2 つと，直径が 14cm の円周の $\frac{1}{2}$ だから，
(7×3.14÷2)×2＋14×3.14÷2
＝14×3.14＝43.96(cm)
(4)直径 6cm の円周と直径 12cm の円周だから，
6×3.14＋12×3.14＝18×3.14
＝56.52(cm)

5 曲線の部分が 2 つ合わせて直径 10cm の円周，直線の部分は 10×2＝20(cm)だから，
10×3.14＋20＝31.4＋20＝51.4(cm)

6 曲線の部分が,
8×3.14÷2+6×3.14÷2+4×3.14÷4
=4×3.14+3×3.14+1×3.14=8×3.14
=25.12(cm)
直線の部分が,
4+7+7+1+2=21(cm)
合わせて，25.12+21=46.12(cm)

22 図形の角

ステップ 1

86~87 ページ

1 (1)180　(2)(順に)180，360
2 (1)80°　(2)30°　(3)110°
3 (1)三角形の数…3 つ
角の大きさの和…540°
(2)(上の行，左から)3，4，5，6
(中の行，左から)4，5，6，7
(下の行，左から)720°，900°，1080°，1260°
4 (1)110°　(2)60°
5 (1)100°　(2)130°　(3)30°　(4)70°
6 (1)125°　(2)80°

解き方

1 (1)どんな三角形でも，3 つの角の和は 180° と決まっています。
(2)四角形を 1 つの対角線で 2 つの三角形に分けると，三角形の 3 つの角の和は 180° だから，図で，○をつけた 3 つの角の和は 180°，●をつけた 3 つの角の和も 180° となり，四角形の 4 つの角の和は，180°×2=360°

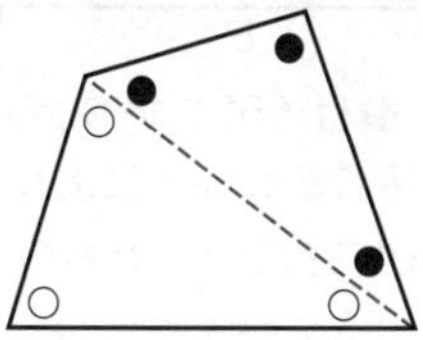

2 (1)180°−(40°+60°)=80°
(2)180°−(90°+60°)=30°
(3)180°−(20°+50°)=110°

ここに注意 どんな三角形でも，3 つの角の和は 180°と決まっているので，3 つの角のうち 2 つの角の大きさがわかれば，残りの角の大きさは計算で求めることができます。

3 五角形，六角形，七角形，……についても，次の図のように三角形に分けて考えます。

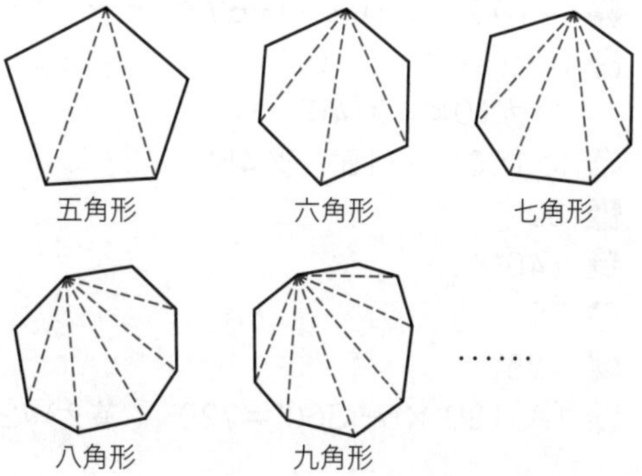

4 四角形の 4 つの角の和は 360° と決まっているので，360° からわかっている角度をひいて求めます。
(1)360°−(70°+90°+90°)=110°
(2)360°−(80°+70°+150°)=60°

5 (1)180°−(50°+30°)=100°
(2)180°−(75°+55°)=50°
180°−50°=130°
㋑は三角形の外側にある角なので，外角といいます。次のように外角の性質《せいしつ》を利用して，
㋑=75°+55°=130°

ここに注意
右の図で，角の大きさについて，
㋐+㋑+㋓=180°が成り立ちます。
㋒+㋓=180°より,
㋐+㋑=㋒が成り立ちます。

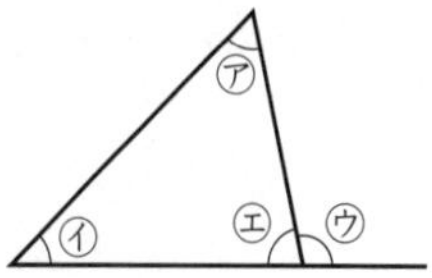

(3)正三角形の 1 つの角の大きさは，
180°÷3=60° だから，2 つに分けられた左側の直角三角形について，
㋒=180°−(60°+90°)=30°
正三角形を 2 つに分けてできる直角三角形は，三角じょうぎの形をしています。
(4)右下の角の大きさも㋓なので，
40°+㋓+㋓=180° より，
㋓=(180°−40°)÷2=70°

ここに注意 二等辺三角形では，2 つの角が等しい性質を利用して，3 つのうち 1 つの角の大きさがわかれば，残り 2 つの角の大きさを計算で求めることができます。

6 (1)360°−(90°+70°+75°)=125°
(2)360°−(55°+80°+125°)=100°
㋑=180°−100°=80°

ステップ 2　　88~89 ページ

1 (1) 105°　(2) 102°　(3) 67°
2 (1) ㋐ 115°　㋑ 100°
　(2) ㋒ 104°　㋓ 40°
3 ㋐ 150°　㋑ 15°　㋒ 45°
4 32°
5 140°
6 70°
7 125°
8 (式) 180°×6−360°=720°　(答え) 720°

解き方

1 (1)下の図で，●=45°，◎=30° だから，
色をつけた三角形で，
㋐=180°−(45°+30°)=105°

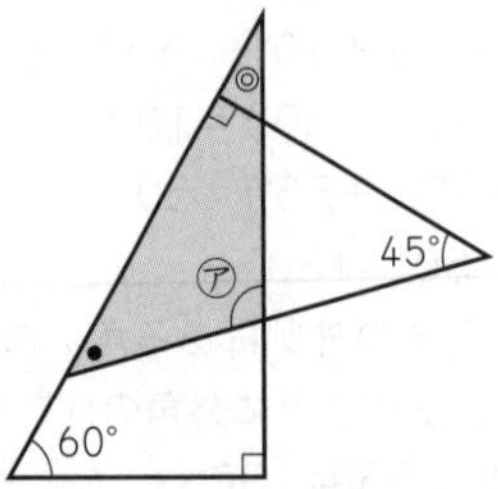

(2)下の図で，◎=90°−33°=57°，●=45° だから，
×=180°−(57°+45°)=78°
よって，㋐=180°−78°=102°

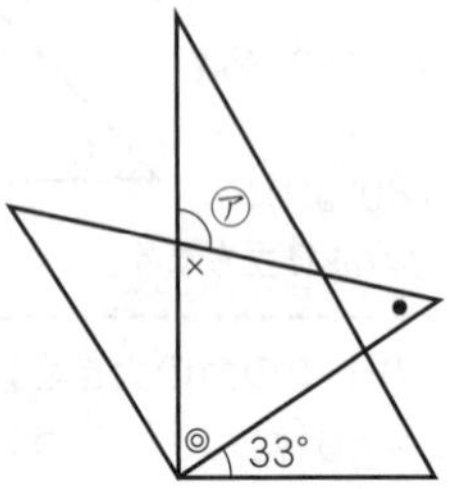

(3)下の図で，
●=45°，◎=30°，★=180°−(45°+52°)
=83° だから，
㋐=180°−(30°+83°)=67°

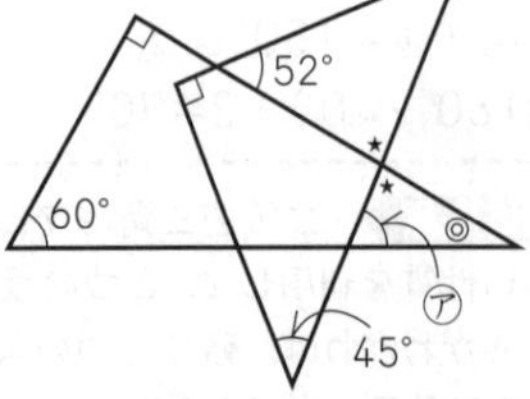

2 (1)AD と BC は平行だから，㋐+65°=180°
よって，㋐=180°−65°=115°
また，三角形 ABE の角 B の大きさは平行四辺形の角 D の大きさと等しく 65° だから，
㋑=35°+65°=100°
(2)㋒+角 ABC=180° だから，
㋒=180°−76°=104°
また，AB と CD は平行だから，
㋓= 角 ABD=40°

3 三角形 ABC が二等辺三角形であることに着目《ちゃくもく》します。下の図で，㋐=60°+90°=150°
三角形 ABC で，角 ABC=㋐=150°
AB=BC より，○をつけた 2 つの角は同じ大きさだから，㋑=○=(180°−150°)÷2=15°
すると，㋒=60°−15°=45°

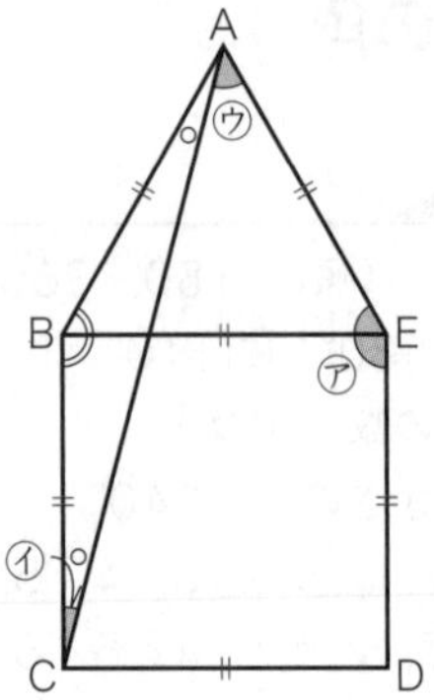

4 下の図で，AB=AC より●をつけた 2 つの角は同じ大きさです。
◎=180°−104°=76° だから，
140°+◎+●+●=360° より，
●=(360°−140°−76°)÷2=72°
また，★=180°−140°=40° だから，
㋐+40°=72° より，㋐=72°−40°=32°

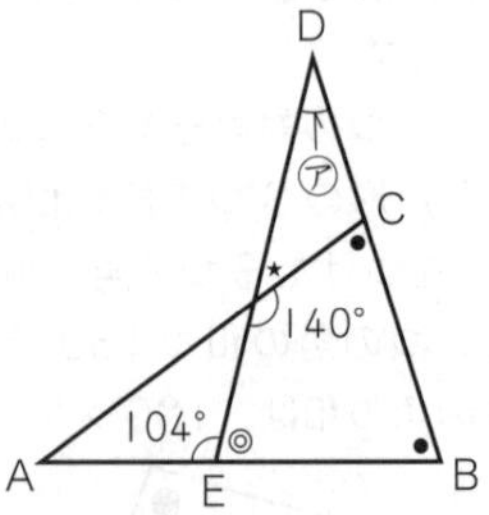

5 下の図で，●は 65° を折り返したものだから 65° です。平行線の性質により，◎も 65° です。
また★は 90° を折り返したものだから 90° です。
よって，
㋐=360°−(65°+65°+90°)=140°

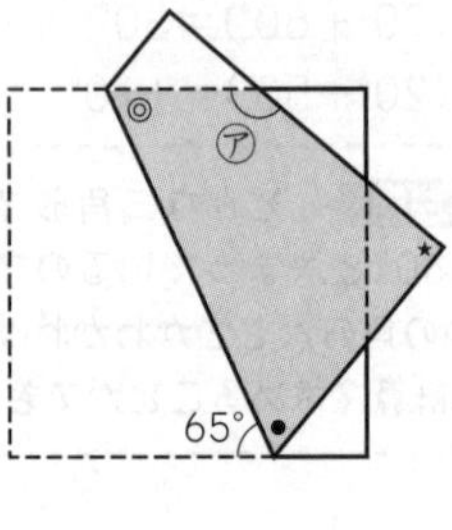

6 下の図で，平行線の性質により，●＝25° だから，★＝90°－25°＝65°　また，◎＝90°÷2＝45° だから，×＝180°－(65°＋45°)＝70° です。三角形 EBC と三角形 EDC は BC＝DC，EC＝EC，角 BCE＝角 DCE より合同な三角形だから，㋐＝×＝70°

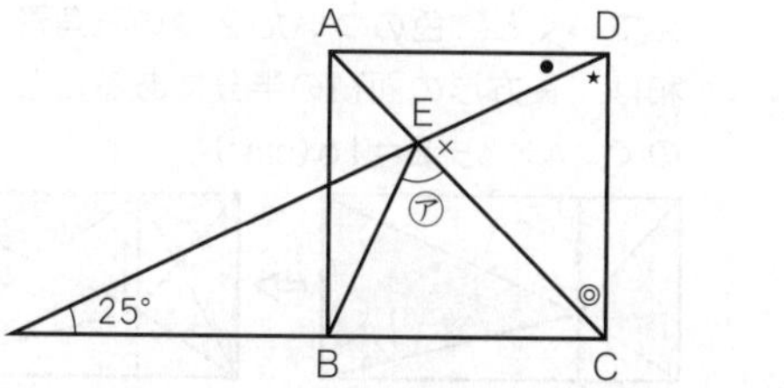

7 三角形 ABC で，●●＋○○＝180°－70°＝110° だから，●＋○＝110°÷2＝55°　すると，㋐をふくむ三角形で，㋐＝180°－55°＝125°

8 右の図で，A～L をつけた 12 個の角の和が，六角形の 6 つの角の和を表します。A～L をつけた 12 個の角と①～⑥をつけた 6 個の角を合わせると，三角形 6 個の角の和に等しいから，
180°×6＝1080°
そのうち，①～⑥をつけた 6 個の角の和は 360° だから，六角形の 6 つの角の和は，
1080°－360°＝720°

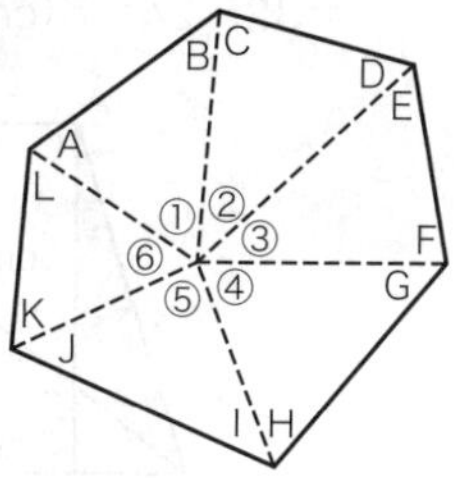

23 三角形の面積

ステップ 1　90~91 ページ

1 (1)35cm^2　(2)36cm^2　(3)150cm^2
(4)35cm^2　(5)6cm^2　(6)9.9cm^2

2 10cm

3 7.2cm

4 9.5cm^2

5 53cm^2

6 (1)三角形 BCD
理由…(例)底辺 CD が等しく，アとイが平行なので，CD から A までの高さと CD から B までの高さが等しいから。
(2)三角形 BDE
理由…(例)面積が等しい三角形 ACD と三角形 BCD から，同じ三角形 ECD をひいた残りの三角形が，三角形 ACE と三角形 BDE だから。

解き方

1 (1)10×7÷2＝35(cm^2)
(2)8×9÷2＝36(cm^2)
(3)20×15÷2＝150(cm^2)
(4)14×5÷2＝35(cm^2)
(5)4×3÷2＝6(cm^2)
(6)6×3.3÷2＝9.9(cm^2)

ここに注意　三角形の面積は，(底辺)×(高さ)÷2 で求めることができます。底辺と高さは必ず垂直《すいちょく》になることに注意しましょう。

2 16cm の底辺に対する高さを□ cm とすると，16×□÷2＝80 より，16×□＝80×2＝160，
□＝160÷16＝10(cm)

3 直角三角形 ABC の面積は，
9×12÷2＝54(cm^2)
よって，15×AD÷2＝54 より，
15×AD＝54×2＝108，
AD＝108÷15＝7.2(cm)

4 下の図のように，面積が 25cm^2 の大きな正方形の面積から，まわりの 3 つの直角三角形の面積をひいて求めます。

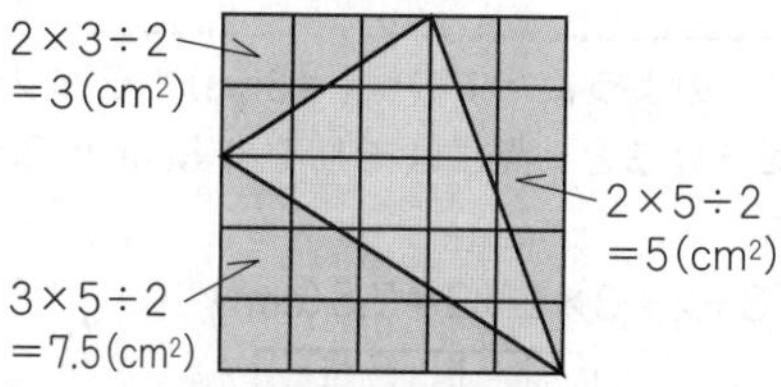

25－(3＋5＋7.5)＝9.5(cm^2)

5 下の図のように，全体を正方形(1 辺が 13cm)でかこんで，その面積から，まわりの 3 つの直角三角形の面積をひいて求めます。

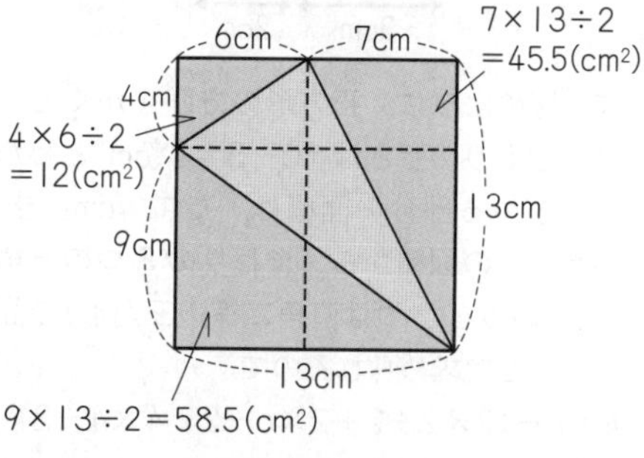

13×13－(12＋58.5＋45.5)＝53(cm^2)

ステップ 2　92~93 ページ

1 (1) $16cm^2$
(2) $16cm^2$
2 $7.5cm^2$
3 $8cm^2$
4 $16cm^2$
5 $8cm^2$
6 $90cm^2$
7 $30cm^2$
8 (1) 45°
(2) $2.5cm^2$

解き方

1 下の図のように，(1)，(2)ともに高さは 8cm の半分で 4cm

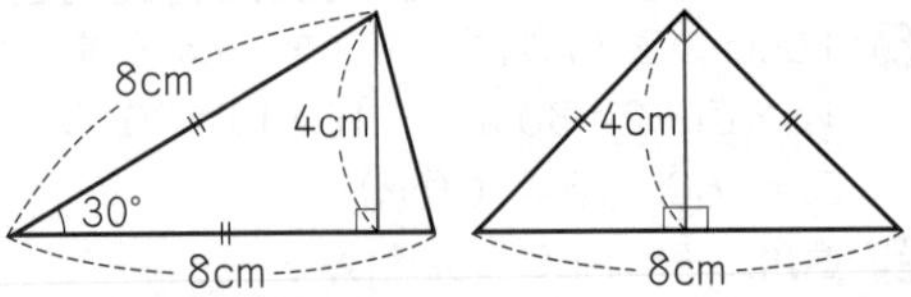

ここに注意 30°，60°，90°の直角三角形では，(いちばん長い辺)は(いちばん短い辺)の 2 倍の長さになっています。

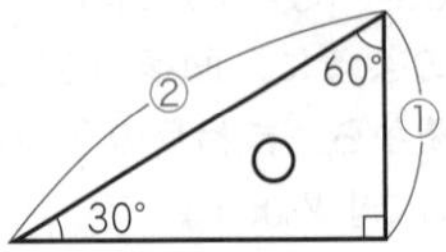

2 下の図のようにたての線(＝3cm)で 2 つの三角形に分けると，高さはそれぞれ 3cm と 2cm だから，
3×3÷2＋3×2÷2＝7.5(cm^2)

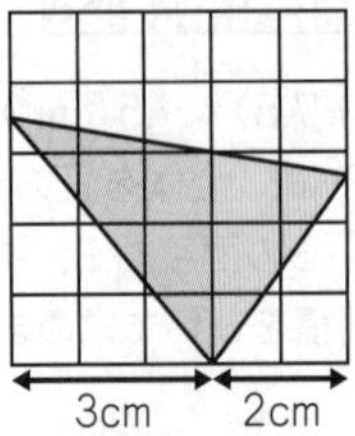

3 次の図のように，正方形の方眼《ほうがん》をかくと，方眼の 1 目もりの長さは 10÷5＝2(cm)とわかります。求める部分の面積は，たて 4cm，横 6cm の長方形の面積から，まわりの 3 つの直角三角形(そのうち 2 つは直角二等辺三角形)の面積をひくことで求められるので，
4×6－(2×2÷2＋2×6÷2＋4×4÷2)
＝24－(2＋6＋8)
＝8(cm^2)

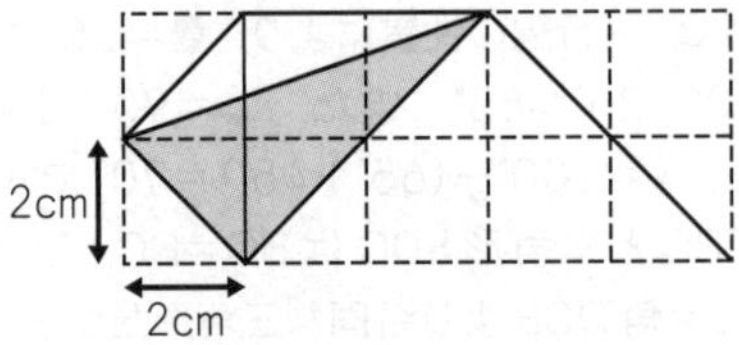

4 下の図のように，面積を変えないように形を変えていくと，色のついた 2 つの三角形の面積の和は，長方形の面積の半分であることがわかるので，4×8÷2＝16(cm^2)

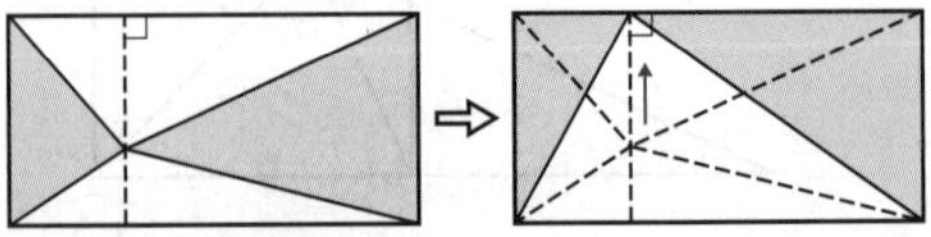

5 色のついた部分
＝三角形 AED の面積 －三角形 AFD の面積
＝8×8÷2－8×6÷2
＝32－24＝8(cm^2)

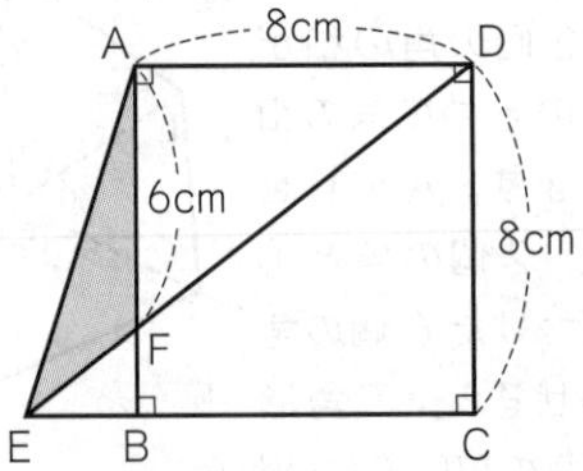

6 白い 7 つの三角形は高さがすべて 4cm で，底辺の和は 15cm だから，面積の和は
15×4÷2＝30(cm^2)
したがって，色のついた部分の面積は，
8×15－30＝90(cm^2)

7 三角形 DEF の面積
＝三角形 EBD の面積－三角形 FBD の面積
＝三角形 CBD の面積－三角形 FBD の面積
＝18×12÷2－13×12÷2
＝108－78
＝30(cm^2)

8 (1)図のように点 D をとると，○をつけた三角形はすべて合同なので，AB＝BC＝CD＝DA であり，対角線 AC と対角線 BD の長さも等しいので，四角形 ABCD は正方形。
よって，㋐＝45°

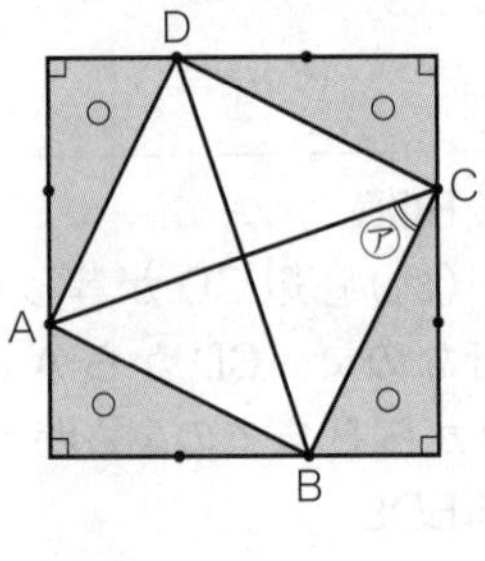

(2)正方形 ABCD の面積は，
$3\times3-(1\times2\div2)\times4=5(cm^2)$だから，三角形 ABC の面積は $5\div2=2.5(cm^2)$

24 四角形の面積

ステップ 1　94~95 ページ

1 (1)$112cm^2$　(2)$90cm^2$　(3)$120cm^2$
(4)$150cm^2$　(5)$40.8cm^2$　(6)$100cm^2$
2 12cm
3 (1)9cm　(2)2.5cm　(3)6cm
4 $90cm^2$
5 $120cm^2$
6 $10cm^2$

解き方

1 (1)$14\times8=112(cm^2)$
(10cm は面積に関係ありません)
(2)$6\times15=90(cm^2)$
(3)$12\times20\div2=120(cm^2)$
(4)$(10+15)\times12\div2=150(cm^2)$
(5)$6\times6.8=40.8(cm^2)$
(7cm は面積に関係ありません)
(6)$(15+10)\times8\div2=100(cm^2)$
(9cm は面積に関係ありません)

ここに注意
・平行四辺形の面積 ＝(底辺)×(高さ)
・台形の面積 ＝(上底 ＋ 下底)×(高さ)÷2
・ひし形の面積 ＝(対角線)×(対角線)÷2

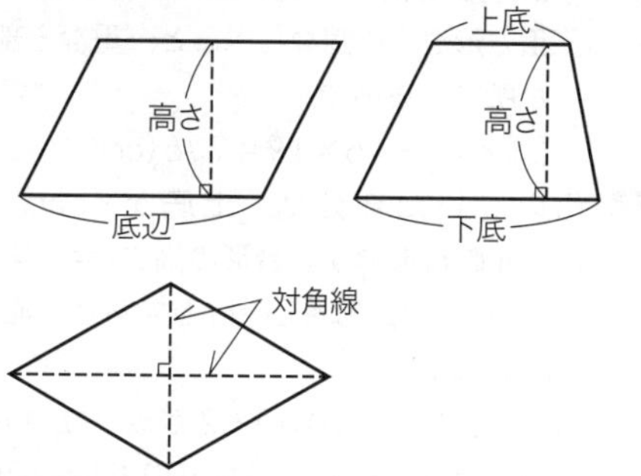

2 平行四辺形 ABCD の面積は，BC×6 でも 8×9 でも求めることができます。BC×6＝8×9 より，
BC×6＝72，BC＝12(cm)

3 (1)(㋐＋12)×8÷2＝84 より，
(㋐＋12)×4＝84
㋐＋12＝84÷4
㋐＋12＝21
㋐＝21－12＝9(cm)
(2)ひし形の 2 つの対角線は，それぞれのまん中の点で直角に交わっています。たての対角線の長さは 6×2＝12(cm)だから，横の対角線の長さを□ cm とすると，
12×□÷2＝30
12×□＝30×2
12×□＝60
□＝60÷12＝5(cm)
よって，㋐＝5÷2＝2.5(cm)
(3)正方形もひし形のなかまだから，
(対角線)×(対角線)÷2
で面積を求めることもできます。ただし，2 本の対角線の長さは同じです。よって，
㋐×㋐÷2＝18 より，
㋐×㋐＝18×2＝36，6×6＝36 だから，
㋐＝6(cm)

4 三角形 ABC で，A から BC にひいた高さを□ cm とすると，
15×□÷2＝9×12÷2
15×□＝9×12
15×□＝108
□＝108÷15＝7.2(cm)
この 7.2cm は，台形 ABCD の高さでもあるので，台形 ABCD の面積は，
$(10+15)\times7.2\div2=90(cm^2)$

5 下の図で，三角形 BCF の面積は，長方形 BECF の面積の 2 分の 1 であり，長方形 ABCD の面積の 2 分の 1 でもあります。したがって，長方形 ABCD の面積は長方形 BECF の面積と等しく，
$10\times12=120(cm^2)$

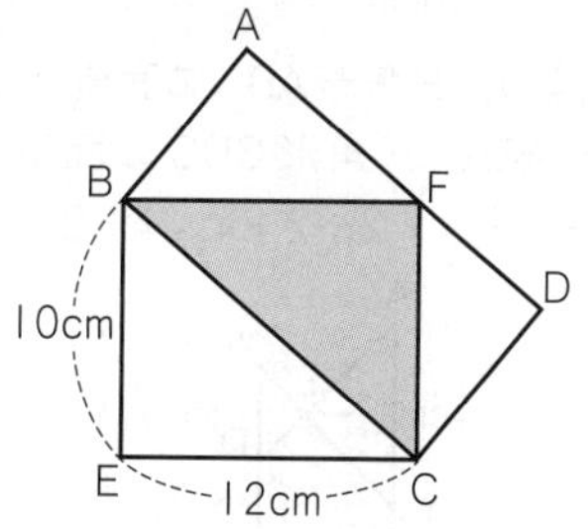

6 正方形 ABCD のまわりの正方形から，同じ大きさの三角形 4 つ分の面積をひくと，
$4\times4-(1\times3\div2)\times4=16-6=10(cm^2)$

ステップ 2　96~97 ページ

1 9cm^2
2 46.5cm^2
3 12.5cm^2
4 4cm
5 (1)26　(2)17cm
6 (1)144cm　(2)224cm^2　(3)976cm^2
7 420cm^2

解き方

1 下の図で，○+×=90°，●+×=90° だから○と●は同じ大きさです。よって，色をつけた 2 つの三角形は合同となり，求める部分は三角形 ABC(正方形の 4 分の 1)と同じ面積になります。したがって，36÷4=9(cm^2)

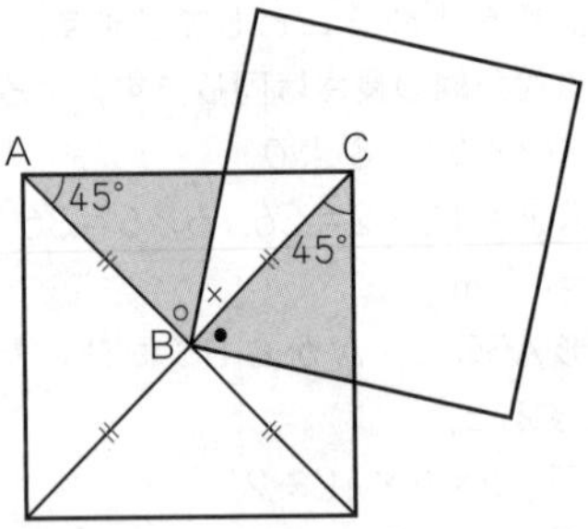

2 下の図のように，アとイの 2 つの三角形に分けると，
ア=7×9÷2=31.5(cm^2)
イ=6×5÷2=15(cm^2)だから，色のついた部分の面積は，
31.5+15=46.5(cm^2)

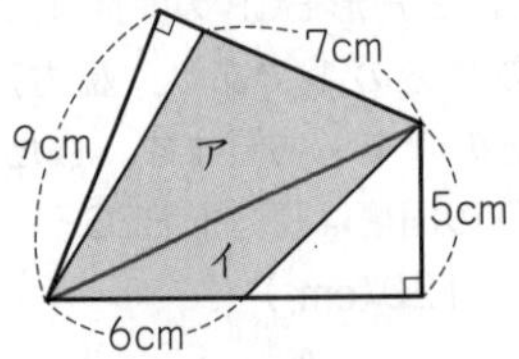

3 下の図より，三角形 ABC の面積から，三角形 AEF，三角形 CDG の面積をひくと，
7×7÷2−(4×2÷2+4×4÷2)=12.5(cm^2)

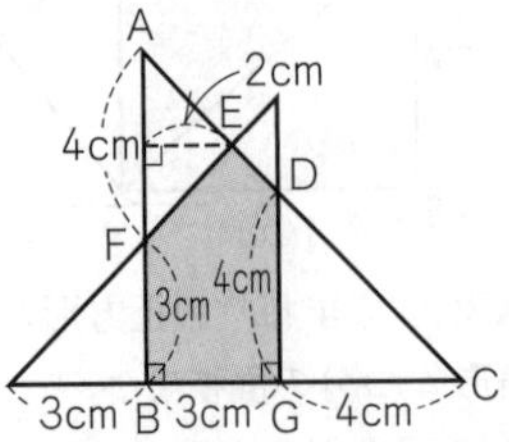

4 次の図で，四角形 ABCD と三角形 CEF の面積が等しいとき，それぞれの図形に四角形 DCFG を加えた，台形 ABFG と三角形 DEG の面積が等しくなります。これより，AB=□cm とすると，(□+2)×11÷2=6×11÷2 より，□+2=6，□=4(cm)

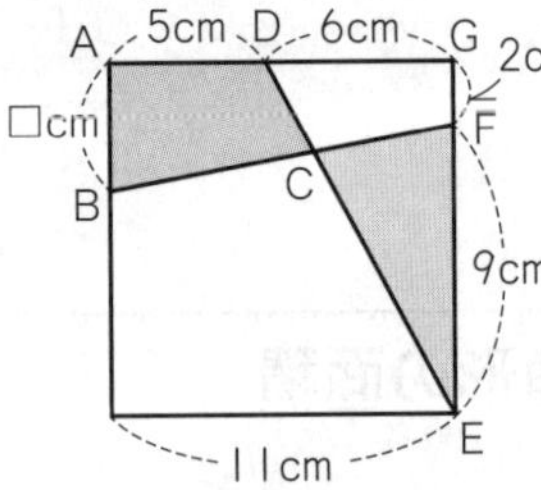

5 (1)図 2 全体の正方形の面積は，
24×24+10×10=676(cm^2)
676=26×26 だから，アにあてはまる数は 26 です。
(2)図 1 で，イ+ウ=24(cm)，イ−ウ=10(cm) だから，イ=(24+10)÷2=17(cm)

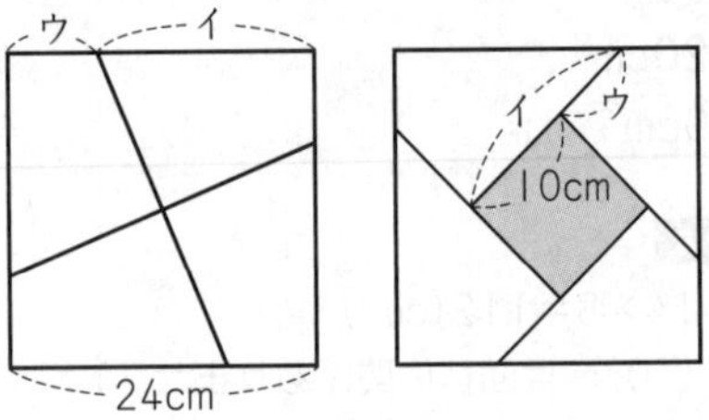

6 (1)正方形 1 つのまわりの長さは 8×4=32(cm)
重なる部分のまわりの長さは 1 つにつき
4×4=16(cm)
正方形を 8 個ならべると，重なる部分が 7 か所できるので，まわりの長さは，
32×8−16×7=144(cm)
(2)重なる部分の面積は 1 つにつき
4×4=16(cm^2)
正方形を 15 個ならべると，重なる部分が 14 か所できるので，16×14=224(cm^2)
(3)正方形 1 個の面積は 8×8=64(cm^2)
正方形を 20 個ならべると，重なる部分が 19 か所できるので，
64×20−16×19=976(cm^2)

7 色のついた部分は，上底が 15cm，下底が 27cm の台形です。台形の高さ(=直角三角形の部分の 1 つの辺)を□ cm とすると，直角三角形の面積について，
25×12÷2=15×□÷2 が成り立つので，
15×□=25×12，□=300÷15=20(cm)
したがって，面積は，
(15+27)×20÷2=420(cm^2)

25 立体の体積

ステップ1　98~99 ページ

1 (1) $525cm^3$　(2) $168cm^3$　(3) $512cm^3$
(4) $6.4m^3$ ($6400000cm^3$)

2 (1) $636cm^3$　(2) $2128cm^3$

3 (1)ア…1000　イ…100　ウ…2400
(2)エ…100　オ…1000000
(3)カ…4.8　キ…0.0048

4 17.01L

5 (1) $9800cm^3$　(2) 8cm

解き方

1 (1) $7\times15\times5=525(cm^3)$
(2) $4\times6\times7=168(cm^3)$
(3) $8\times8\times8=512(cm^3)$
(4) $0.8\times2\times4=6.4(m^3)$
または $80\times200\times400=6400000(cm^3)$

2 (1)高さ 3cm のところで，上下の直方体に分けると，上側の直方体の体積は，
$4\times12\times5=240(cm^3)$
下側の直方体の体積は，
$11\times12\times3=396(cm^3)$
したがって，$240+396=636(cm^3)$
別解　左から 4cm のところで左右の直方体に分けて，左側の直方体の体積が，
$4\times12\times8=384(cm^3)$
右側の直方体の体積が，
$7\times12\times3=252(cm^3)$
したがって，$384+252=636(cm^3)$
(2)たて 12cm，横 20cm，高さ 11cm の直方体の体積から，1 辺の長さが 8cm の立方体の体積をひいて求めます。
$12\times20\times11-8\times8\times8=2640-512$
$=2128(cm^3)$

3 (1) $1L=1000cm^3$，$1dL=0.1L=100cm^3$
(2)(3) $1m^3=1000L=1000000$(百万)cm^3

4 組み立ててできる直方体の体積は，
$27\times35\times18=17010(cm^3)$ だから，L になおすと 17.01L になります。

5 (1)入れ物の厚《あつ》さを考えると，水が入る部分の長さは，たてが $27-2=25$(cm)，
横が $30-2=28$(cm)，
高さが $15-1=14$(cm) の直方体だから，容《よう》積《せき》は，$25\times28\times14=9800(cm^3)$
(2) $5.6L=5600cm^3$ だから，水の深さを□ cm とすると，$25\times28\times□=5600$ となるので，
$□=5600\div(28\times25)=5600\div700=8$ より，8cm

ステップ2　100~101 ページ

1 (1)0.02　(2)37500　(3)65

2 (1) $352cm^3$　(2) $366cm^3$

3 8.5

4 (1) $1200cm^3$　(2) 13.25cm

5 $60cm^3$

6 (1)6cm　(2) $88cm^3$

7 9cm

解き方

1 (1) $1L=0.001m^3$ だから，20L は
$20\times0.001=0.02(m^3)$
(2) $350dL+4500cm^3-2L$
$=35000cm^3+4500cm^3-2000cm^3$
$=37500cm^3$
(3) $1m^3=1000000cm^3$ だから，
$0.234m^3=234000cm^3$
高さを□cmとすると，$50\times72\times□=234000$ より，$3600\times□=234000$，
$□=234000\div3600=65$(cm)

2 (1) 1 辺が 8cm の立方体の体積から，たて 4cm，横 8cm，高さ 5cm の直方体の体積をひいて求めます。
$8\times8\times8-4\times8\times5=512-160$
$=352(cm^3)$
(2)上側の直方体の体積が，$2\times3\times5=30(cm^3)$
下側の直方体の体積が，$6\times8\times7=336(cm^3)$
したがって，$30+336=366(cm^3)$

3 下の図のように左右の直方体に分けると，左側の直方体の体積が，
$7\times15\times□=105\times□(cm^3)$
右側の直方体の体積が，
$7\times9\times□=63\times□(cm^3)$
合わせて，$(105+63)\times□(cm^3)$
これが $1428cm^3$ だから，
$□=1428\div(105+63)=8.5$(cm)

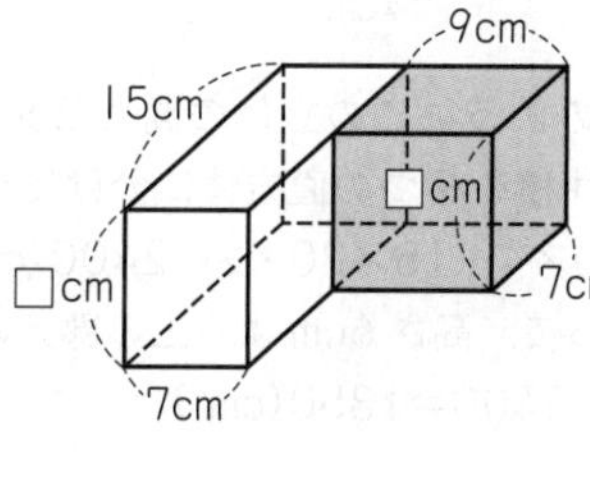

別解　右側の直方体をうまく左側の直方体にくっつけると，たて 24cm，横 7cm，高さ□ cm の直方体ができるので，
24×7×□＝1428 より，□＝8.5 と求めることもできます。

4 (1) 10×10×12＝1200(cm^3)
(2) 立方体が水でできていると考えると，立方体をしずめることにより，水の体積は
5×5×5＝125(cm^3) ふえて 1325cm^3
そのときの深さを□ cm とすると，
10×10×□＝1325 より，
□＝13.25(cm)

5 下の図の◎，★，●の部分の長さが，直方体のたて，横，高さにあたります。

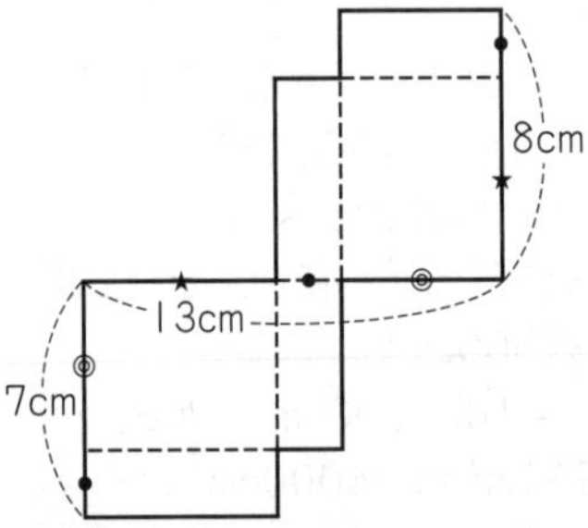

◎＋★＋●＝13cm，◎＋●＝7cm だから，
★＝13−7＝6(cm)
◎＋★＋●＝13cm，★＋●＝8cm だから，
◎＝13−8＝5(cm)
●＝13−(6＋5)＝2(cm)
これより，立方体の体積は，
6×5×2＝60(cm^3)

6 (1)(2) 下の図のように，同じ形の立体をくっつけると，高さが 11cm の直方体ができます。よって，AE＝□＝11−5＝6(cm)
立体の体積は，4×4×11÷2＝88(cm^3)

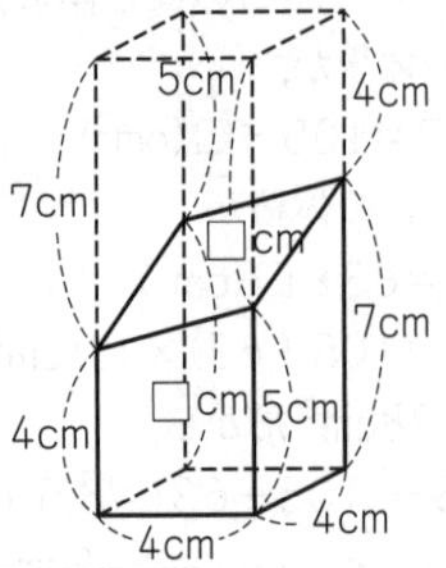

7 次の図のようにこの立体の高さ 6cm より下の部分の体積を 2 つの直方体に分けて求めると，
15×30×4＋15×20×2＝2400(cm^3)
したがって，高さ 6cm より上の部分の体積は
3750−2400＝1350(cm^3)
AB×15×10＝1350 より，AB＝9(cm)

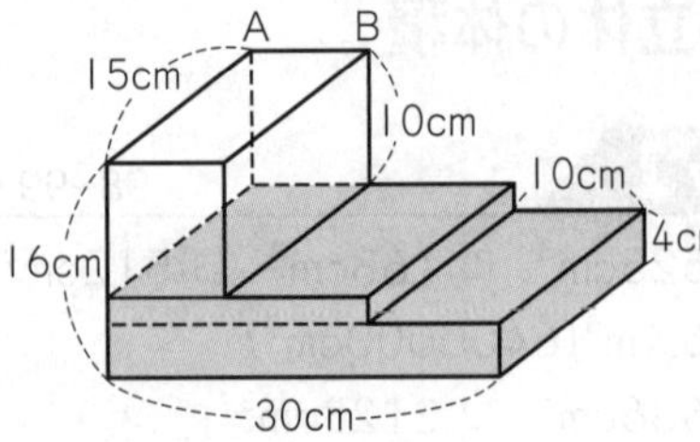

26 角柱と円柱

ステップ 1　102~103 ページ

1 (底面の形) 三角形，四角形，五角形，六角形
(側面の形) 長方形，長方形，長方形，長方形
(面の数) 5，6，7，8
(頂点《ちょうてん》の数) 6，8，10，12
(辺の数) 9，12，15，18

2 (1) 四角柱(直方体，立方体)
(2) 三角柱
(3) 円柱

3 (1) 三角柱
(2) 面イ，エ，オ
(3) 面ア，ウ

4 (1) 12 本
(2) 面エ
(3) 面オ，カ
(4) 4 本

5 (1) 6cm　(2) 4cm　(3) 12.56

解き方

1 底面が三角形，四角形，五角形，……で，側面がすべて長方形である立体を角柱といいます。

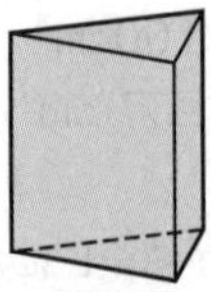
三角柱

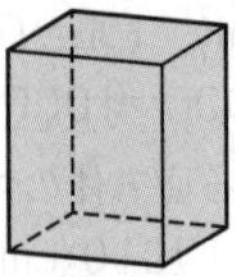
四角柱

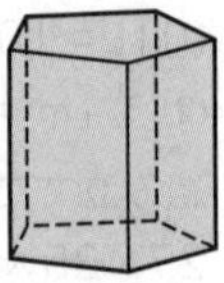
五角柱

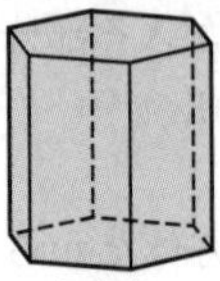
六角柱

3 (3)角柱の底面と側面とは垂直《すいちょく》です。

4 組み立ててできる立体は，図のような四角柱です。底面が台形なので，**イ**の面と**エ**の面は平行です。

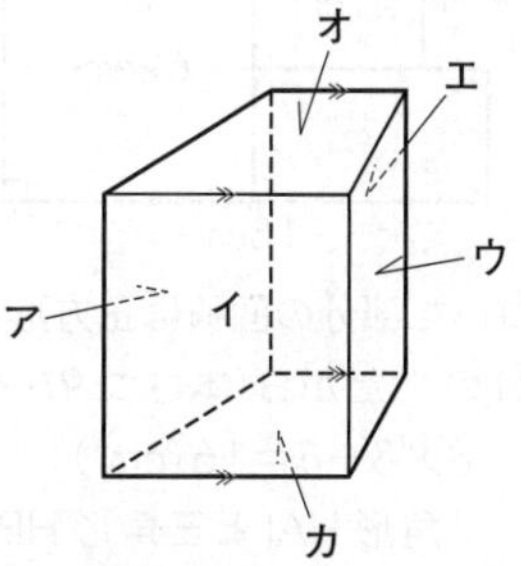

5 (3)円柱の展開《てんかい》図《ず》において，側面を展開してできる長方形の横の長さは，底面の円周の長さと同じだから，4×3.14＝12.56(cm)

ステップ 2　104~105 ページ

1 (1)(順に)五，15　(2)251.2
(3)216

2 (1)直方体(四角柱)　(2)点 C　(3)面エ
(4)面ア，イ，エ，オ　(5)600cm^3

3 84cm^3

4 180.88cm^3

5 オ

6

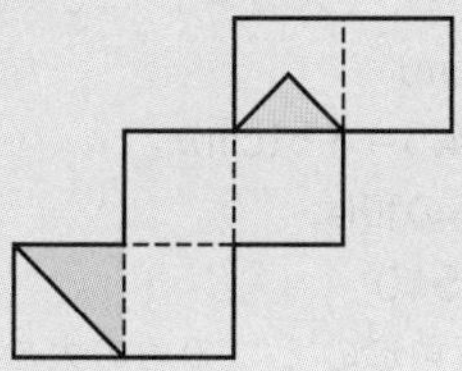

解き方

1 (1)□角柱の面の数は□＋2，辺の数は□×3，頂点の数は□×2 になります。

(2)展開図において，円柱の側面は，たての長さが円柱の高さ，横の長さが底面の円の円周である長方形になるので，面積は，
8×(5×2×3.14)＝251.2(cm^2)

(3)この三角柱は，たて 9cm，横 6cm，高さ 8cm の直方体の半分だから，体積は，
9×6×8÷2＝216(cm^3)

2 (3)直方体では，平行な 2 つの面は同じ形の長方形です。

(4)**カ**の面と平行な面は**ウ**の面で，それ以外の面は**カ**の面と垂直です。

(5)たてが 15cm，高さが 20－15＝5(cm)，横が 13－5＝8(cm)だから，体積は，
15×5×8＝600(cm^3)

3 もとの円柱の，高さ 1cm あたりの体積は，
144÷12＝12(cm^3)
この立体を 2 つ合わせると，もとの円柱の高さ 6＋8＝14(cm)分になるので，体積は
12×14＝168(cm^3)
したがって，この立体の体積は，
168÷2＝84(cm^3)

4 下の展開図において，★＝5.6cm だから，
●＝15.1－5.6＝9.5(cm)
すると，アの面とウの面の面積の和は，
5.6×9.5×2＝106.4(cm^2)だから，残りのイ，エ，オ，カの 4 つの面の面積の和は，
209.08－106.4＝102.68(cm^2)
4 つの面を合わせると，たてが◎ cm，横が
15.1×2＝30.2(cm)の長方形になるので，
◎＝102.68÷30.2＝3.4(cm)
したがって，直方体の体積は，
5.6×9.5×3.4＝180.88(cm^3)

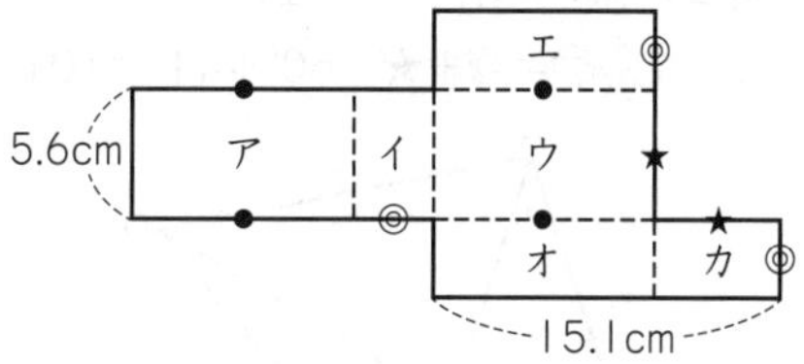

5 **オ**の展開図を組み立てると，色をつけた 2 つの面が重なります。

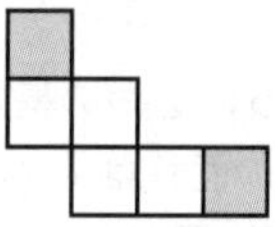

6 展開図に A～H の頂点を記入し，三角形 ACD に色をぬります。

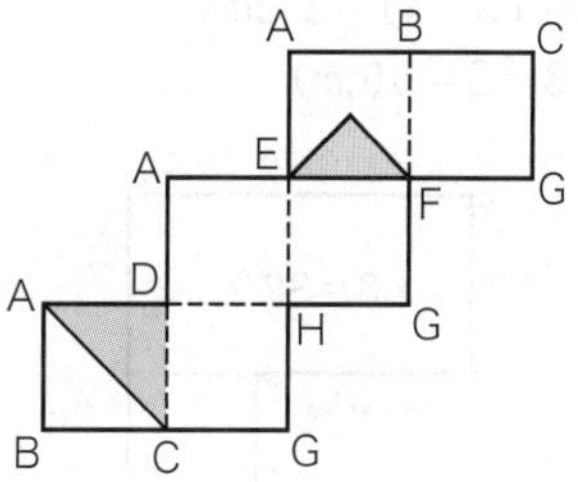

20～26

ステップ 3　106~107 ページ

1 (1)45°　(2)101°　(3)5cm　(4)29cm^2

2 (1)16cm^2　(2)3.5cm

3 (1)108°　(2)6.28cm

4 (1)17 個《こ》　(2)12 個

解き方

1 (1)下の図で，色をつけた 2 つの直角三角形は合同だから(本さつ 93 ページの **8** を参照)，三角形 ABC は直角二等辺三角形です。平行線の性質《せいしつ》を利用して角を移《うつ》しかえると，

㋐＋㋑＝ 角 CAB＝45°

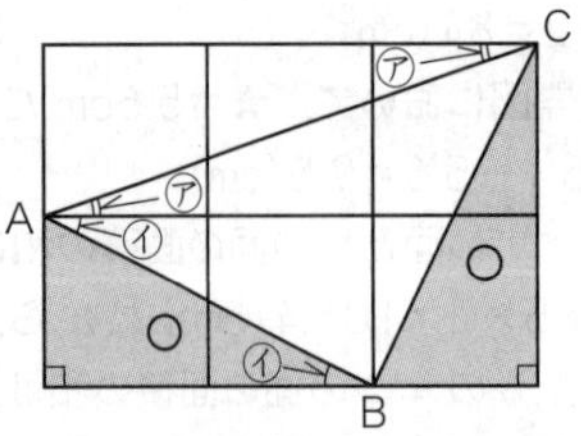

(2)下の図で，AB＝AC だから，

●$=180°-71°\times2=38°$

三角形 ACD は正三角形だから，◎＝60°

すると，角 BAD＝38°＋60°＝98° で，

AB＝AD だから，

★$=(180°-98°)\div2=41°$

よって，㋐＝◎＋★＝60°＋41°＝101°

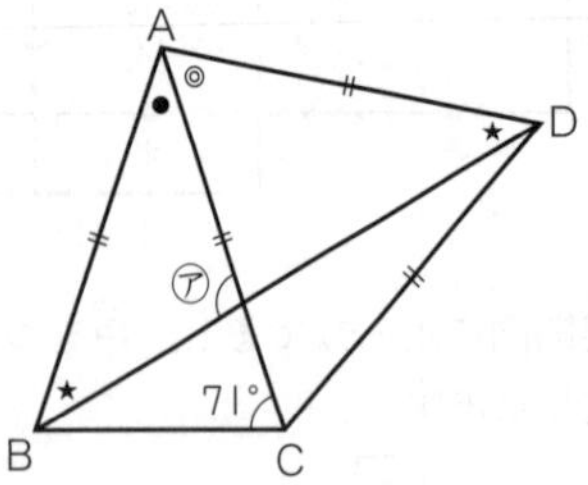

(3)下の図のように 2 つの長方形に分けると，上側の長方形の面積は $4\times8=32(cm^2)$ だから，下側の長方形の面積は $50-32=18(cm^2)$

よって，その横の長さは，

$18\div(10-4)=3(cm)$

ア＝8－3＝5(cm)

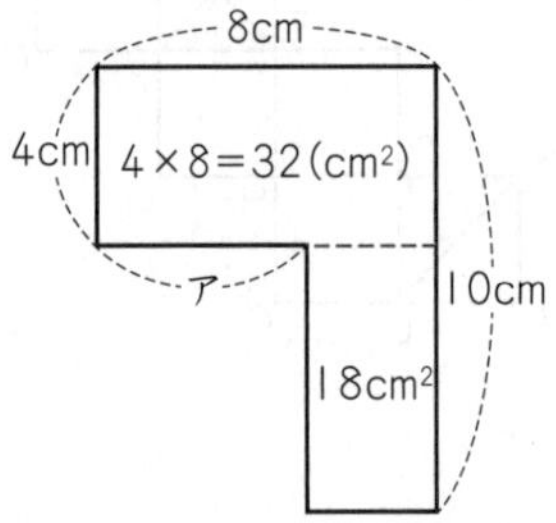

(4)次の図で，長方形㋐の面積は，

$4\times13-21=31(cm^2)$ だから，長方形㋐の横の長さは，$31\div4=7.75(cm)$

長方形㋑の面積は，$62-31=31(cm^2)$ で長方形㋐と合同です。したがって，色のついた部分の長方形のたての長さは 4cm，横の長さは $15-7.75=7.25(cm)$ だから，面積は，

$4\times7.25=29(cm^2)$

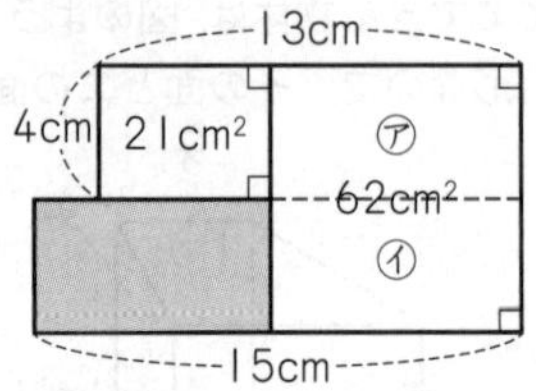

2 (1)色のついた部分の面積は正方形 EFGH の面積の 4 分の 1 だから(本さつ 96 ページの **1** を参照)，$8\times8\div4=16(cm^2)$

(2)図で，三角形 HAI と三角形 HBJ は合同なので，HI と HJ の長さは同じです。また，BJ と AI の長さは同じです。

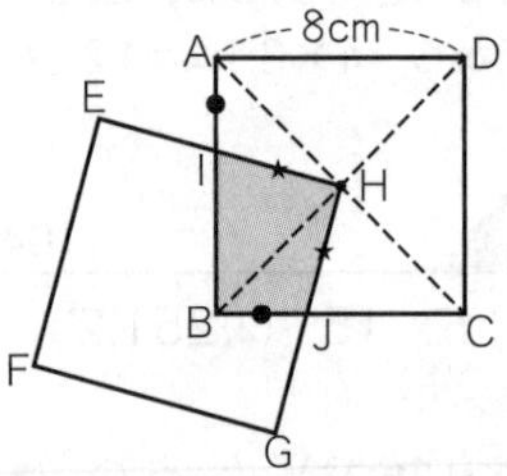

HI＝HJ＝□ cm とすると，

色のついた部分の周の長さ

＝IB＋BJ＋HI＋HJ＝IB＋AI＋□＋□

＝AB＋□×2＝(8＋□×2)(cm)

これが 17cm だから，□×2＝17－8＝9，

□＝9÷2＝4.5(cm)

よって，EI＝8－4.5＝3.5(cm)

3 (1)五角形の 5 つの角の和は

$180°\times(5-2)=540°$

したがって，正五角形の 1 つの角の大きさは

$540°\div5=108°$

(2)色のついた部分は，下の図の色をつけたおうぎ形の周の部分 5 つで囲《かこ》まれています。そのおうぎ形の中心角は，下の図のように，正三角形の 1 つの角が 60° であることと，正五角形の 1 つの角が 108° であることから，

$60°\times2-108°=12°$

$12°=360°\div30$ だから，色のついた部分のまわりの長さは，

$(6\times2\times3.14\div30)\times5=6.28(cm)$

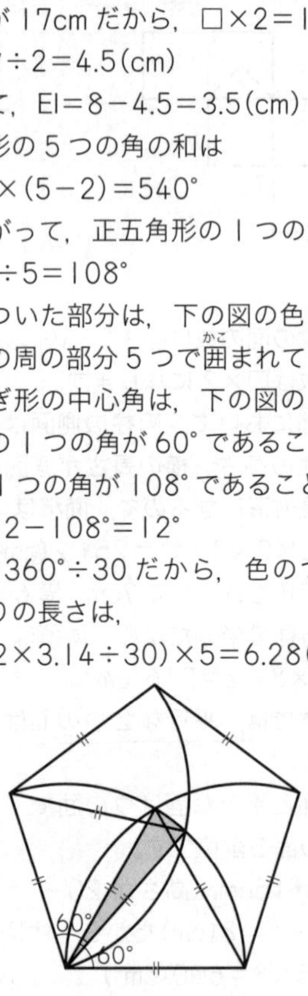

4 (1)体積が最も大きいとき，真上から見た図に，それぞれ何段に積み木が積まれているかを書き入れると右の図のようになり，その個数は 17 個です。

2	2	
2	3	2
2	2	2

(2)体積が最も小さいとき，真上から見た図に，それぞれ何段に積み木が積まれているかを書き入れると右の図のようになり，その個数は 12 個です。

2	1	
1	3	1
1	1	2

総復習テスト①

108~109 ページ

1 (1)12　(2)25　(3)120　(4)48
2 (1)11　(2)207　(3)32 個《こ》
3 (1)秒速 20m　(2)80m　(3)120m
4 (1)112°　(2)$134.4cm^2$　(3)3.6cm

解き方

1 (1)求める数は，67−7＝60 と 55−7＝48 の公約数のうち，あまりの7よりも大きい数です。60 と 48 の公約数(＝12 の約数)は 1，2，3，4，6，12 だから，7 より大きい 12 が答えです。

(2)1 時間に 90000m 進む速さだから，
1 分間に 90000÷60＝1500(m)，
1 秒間に 1500÷60＝25(m)進みます。
よって，秒速 25m

(3)7%の食塩水 400g の中には食塩が 400×0.07＝28(g)ふくまれています。これを 10%の食塩水にするためには，食塩水全体の重さを 28÷0.1＝280(g)にすればよいので，じょうはつさせる水の重さは，
400−280＝120(g)

(4)往復《おうふく》の平均《へいきん》の速さは，往復する道のりがいくらであっても同じなので，AB 間の道のりをかりに 40 と 60 の最小公倍数である 120km とすると，行きにかかる時間は
120÷40＝3(時間)
帰りにかかる時間は 120÷60＝2(時間)
往復する(240km 進む)のに 3＋2＝5(時間)かかります。よって，平均の速さは，
240÷5＝48(km/時)

2 (1)4 でわると 3 あまる数は，3，7，11，15，19，23，……であり，7 でわると 4 あまる数は，4，11，18，25，32，……だから，最も小さい数は 11 です。

(2)このような数は 4 と 7 の最小公倍数である 28 ごとにあらわれるので，11 から後は，11，39，67，95，123，151，179，207，……と続き，200 に最も近い数は 207 です。

(3)3 けたで最初の数は 123，3 けたで最後の数は(999−11)÷28＝35.2…より
11＋28×35＝991 だから，
(991−123)÷28＋1＝32(個)

3 (1)列車は 960−480＝480(m)の道のりを，52−28＝24(秒)で進んだことになるので，速さは 480÷24＝20(m/秒)

(2)列車が 960m のトンネルを通過《つうか》するとき，列車が進んだ道のりは 20×52＝1040(m)
これが「列車の長さ＋トンネルの長さ」を表しているから，列車の長さは，
1040−960＝80(m)

(3)列車と貨物列車が 40 秒間に進んだ道のりの差が「列車の長さ ＋ 貨物列車の長さ」を表しているから，20×40−15×40＝200，
200−80＝120 より，貨物列車の長さは 120m

4 (1)㋐＝67°＋45°＝112°

(2)台形の高さを□ cm とすると，□ cm は直角三角形 DBC の BC を底辺としたときの高さと同じです。直角三角形 DBC の面積は，
16×12÷2＝96(cm^2)だから，
20×□÷2＝96 より，□＝9.6(cm)
台形 ABCD の面積は，
(8＋20)×9.6÷2＝134.4(cm^2)

(3)下の図で，AB の長さを□ cm とすると，①と②の面積が等しいとき，①＋③の三角形と②＋③の三角形の面積も等しいから，
□×5÷2＝6×3÷2 が成り立ちます。これより，□×5＝6×3，□＝18÷5＝3.6(cm)

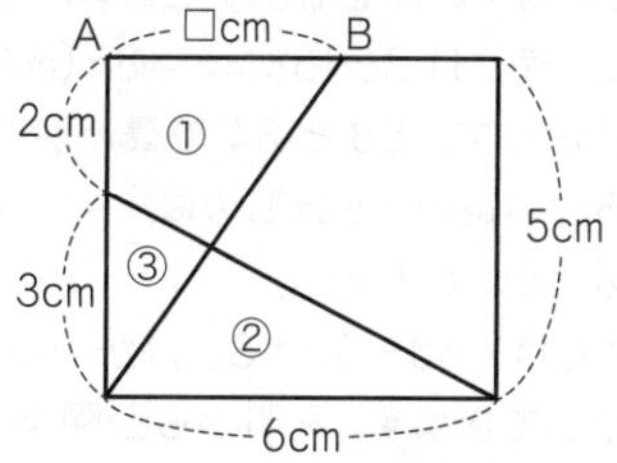

総復習テスト② 110~112 ページ

1 (1)300 人　(2)4L　(3)3 時 36 分
(4)70.5 点　(5)24　(6)1680 円
2 (1)56　(2)16　(3)1920
3 (1)6%　(2)65%　(3)84 人
4 (1)6 時間　(2)12cm
5 (1)30°　(2)$25cm^2$
6 (1)A…$125cm^3$，B…$294cm^3$，
C…$567cm^3$
(2)$843cm^3$
(3)$168cm^2$

解き方

1 (1)昨年の入学者を□人とすると，
□×(1＋0.15)＝345 より，
□＝345÷1.15＝300(人)
(2)自動車が 1L のガソリンで走ることのできるきょりは，27.3÷2.6＝10.5(km) だから，42km 走るのに必要なガソリンは，
42÷10.5＝4(L)
(3)3 時ちょうどのとき，長針《ちょうしん》と短針は 90° はなれています。ここから長針が短針に追いついて，さらに 108° の差をつける時こくを求めればよいから，(90＋108)÷(6−0.5)＝36 より，3 時 36 分
(4)1 回～5 回の合計点が 69×5＝345(点)
6 回～8 回の合計点が 73×3＝219(点) だから，8 回の合計点は 345＋219＝564(点)
したがって，平均点《へいきんてん》は 564÷8＝70.5(点)
(5)30 の約数は，1，2，3，5，6，10，15，30 で，奇数《きすう》の和は，1＋3＋5＋15＝24
(6)定価《ていか》は 1500×(1＋0.4)＝2100(円)
売り値《ね》は 2100×(1−0.2)＝1680(円)

2 (1)B さんは PQ 間を 56＋10＝66(分)で進んだから，速さは 3696÷66＝56(m/分)
(2)A さんは PQ 間を 56−12＝44(分)で進んだから，速さは 3696÷44＝84(m/分)
したがって，56 と 84 の最小公倍数である 168m の道のりを進むのに，A さんは 168÷84＝2(分)，
B さんは 168÷56＝3(分)かかるので，1 分の差ができます。P 町から公園まで行くのに，A さんと B さんとで 8 分の差がついているので，P 町から公園までの道のりは，
168×8＝1344(m)
したがって，A さんが休けいを始めた(公園に着いた)のは，出発してから
1344÷84＝16(分後)

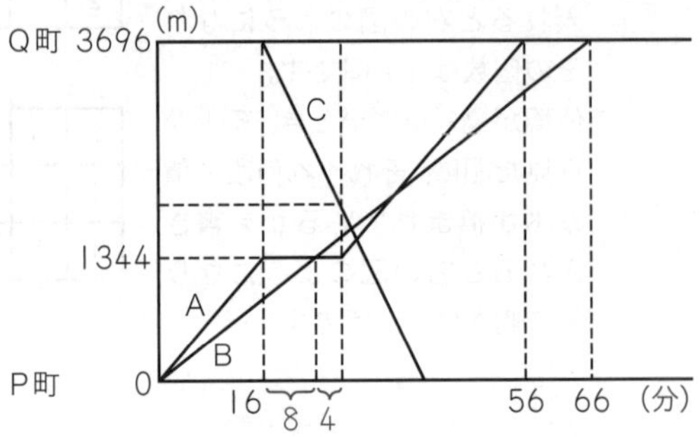

(3)C さんの速さは 56×2＝112(m/分)
A さんが公園を出発したとき，C さんは Q 町から 112×12＝1344(m) 進んだところにいるので，A さんと C さんの間の道のりは，
3696−(1344＋1344)＝1008(m)
ここから出会うまでにかかる時間は，
1008÷(84＋112)＝$\frac{36}{7}$(分) だから，その間に C さんは 112×$\frac{36}{7}$＝576(m) 進みます。
したがって，C さんが A さんと出会うのは，Q 町から 1344＋576＝1920(m) のところです。

3 (1)全体の人数を 100 として考えます。男子は全体の 2 割《わり》だから 20 で，そのうちの 100−40−30＝30(%)が C 市出身だから，
20×0.3＝6 より，6%です。
(2)A 市出身者は男女合わせて全体の 6 割だから 60 で，男子のうち A 市出身者は 20×0.4＝8 です。女子の中で A 市出身者は 60−8＝52 で，女子の人数は 80 だから，
52÷80＝0.65 より，65%になります。
(3)全体のうち，B 市出身は 10−6−3＝1(割)で，これが 35 人だから，全体の人数は
35÷0.1＝350(人)
すると，C 市出身の男女は
350×0.3＝105(人)
C 市出身の男子は 350×0.06＝21(人)だから，C 市出身の女子は 105−21＝84(人)

4 (1)学校にいたのは 1 日(＝24 時間)のうちの
$\frac{3}{12}=\frac{1}{4}$ だから，24×$\frac{1}{4}$＝6(時間)
(2)すいみん時間は 1 日の $\frac{4}{12}=\frac{1}{3}$ だから，36cm の帯《おび》グラフのうちの 36×$\frac{1}{3}$＝12(cm)